青少年自然科普丛书

名 山 异 洞

方国荣　主编

台海出版社

图书在版编目（CIP）数据

名山异洞 / 方国荣主编. —北京：台海出版社，
2013. 7
（大自然科普丛书）
ISBN 978-7-5168-0196-3

Ⅰ. ①名…Ⅲ. ①方…Ⅲ. ①山—世界—青年读物 ②山—
世界—少年读物 ③溶洞—世界—青年读物 ④溶洞—世界—
少年读物 Ⅳ. ①P931.2-49 ②P931.5-49

中国版本图书馆CIP数据核字（2013）第130509号

名山异洞

主　　编：方国荣

责任编辑：俞滟荣
装帧设计：视界创意　　　　版式设计：钟雪亮
责任校对：阮婕妤　　　　　 责任印制：蔡　旭

出版发行：台海出版社
地　　址：北京市朝阳区劲松南路1号，　邮政编码：　100021
电　　话：010—64041652（发行，邮购）
传　　真：010—84045799（总编室）
网　　址：www.taimeng.org.cn/thcbs/default.htm
E-mail：thcbs@126.com

经　　销：全国各地新华书店
印　　刷：北京一鑫印务有限公司
本书如有破损、缺页、装订错误，请与本社联系调换

开　　本：710×1000　　1/16
字　　数：173千字　　　　　　　印　　张：11
版　　次：2013年7月第1版　　　印　　次：2021年6月第3次印刷
书　　号：ISBN 978-7-5168-0196-3

定价：28.00元

目录 MU LU

青少年自然科普丛书

名山异洞

我们只有一个地球

方国荣

巨人安泰是古希腊神话中一个战无不胜的英雄，他是人类征服自然的力量象征。

然而，作为海神波塞冬和地神盖娅的儿子，安泰战无不胜的秘诀在于：只要他不离开大地——母亲，他就能汲取无尽的能量而所向无敌。

安泰的秘密被另一位英雄赫拉克勒斯察觉了。赫拉克勒斯将他举离地面时，安泰失去了母亲的庇护，立刻变得软弱无力，最终走向失败和灭亡。

安泰是人类的象征，地球是母亲的象征。人类离不开地球，就如鱼儿离不开水一样。

人类所生存的地球，是由土地、空气、水、动植物和微生物组成的自然世界。这个世界比人类出现要早几十亿年，人类后来成为其中的一个组成部分；并通过文明进程征服了自然世界，成为自然的主人。

近代工业化创造了人类的高度物质文明。然而，安泰的悲剧又出现了：工业污染，动物濒灭，森林砍伐，水土流失，人口倍增，资源贫竭，粮食危机……地球母亲不堪重负，人类的生存环境遭到人类自身严重的破坏。

人类曾努力依靠文明来摆脱对地球母亲的依赖。人造卫星、航天飞机上天，使向月亮和其他星球"移民"成为可能；对宇宙的探索和征服使人类能够寻找除地球以外的生存空间，几千年的神话开始走向现实。

然而，对于广袤无际的宇宙和大自然来说，智慧的人类家族仍然是幼稚的——人类五千年的文明成果对宇宙时空来说只是沧海一粟。任何成功的旅程都始于足下——人类仍然无法脱离大地母亲的庇护。

美国科学家通过"生物圈二号"的实验企图建立起一个模拟地球生态的人工生物圈，使脱离地球后的人类能到宇宙中去生存。然而，美好理想失败了，就目前的人类科技而言，地球生物圈无法人工再造。

英雄失败后最大的收获是"反思"。舍近求远不是唯一的出路，我们何不珍惜我们现在的生存空间，爱我地球、爱我母亲、爱我大自然，使她变得更美丽呢？

这使人类更清晰地认识到：人类虽然主宰着地球，同时更依赖着地球与地球万物的共存；如果人类破坏了大自然的生态平衡，将会受到大自然的惩罚。

青少年是明天的主人、世界的主人，21世纪是科学、文明、人与自然取得和谐平衡的世纪。保护自然、保护环境、保护人类家园是每个青少年义不容辞的职责。

"青少年自然科普丛书"是一套引人入胜的自然百科和环境保护读物，融知识性和趣味性于一炉。你将随着这套丛书遨游太空和地球，遨游海洋和山川，遨游动物天地和植物世界；大至无际的天体，小至微观的细菌——使你从中学到丰富的自然常识、生态环境知识；使你了解人与自然的关系，建立起环境保护的意识，从而激发起你对大自然、对人类本身的进一步关心。

◎ 谈山说洞 ◎

移山倒海、水滴石穿，"山"和"洞"的形成，是自然力所致。

愚公移山、精卫填海表现了我国古代劳动人民改天换地的大无畏精神。当人类具有了这种能力的时候，就要学一学庄子的"天人合一"，与大自然取得和谐，与山上的、洞里的生灵取得和谐……

洞穴是人类最早的房子

　　1933年，在北京周口店龙骨山洞穴里发现了8个人类个体化石，同时出土的器物还有骨器、石器、装饰品等。依据发现的地点，这些古人类被命名为山顶洞人。据放射性同位素碳-14测定，山顶洞人生活的年代距今有108万年。从出土的众多物品分析，他们很可能过着穴居生活。

　　1868年，一位西班牙律师在本国一个山洞里，发现了两万至四万年前鲁马农人留下的壁画、庙宇、畜栏、仓库和牢狱。这些遗迹也说明，人类曾在洞穴中生活过。

　　在生产力水平极其低下的情况下，早期人类只能利用天然的洞穴来抵御风雨严寒、野兽侵袭，同时又可以将洞穴作为歇息之地，但他们的主要活动是在洞穴外进行的。那么，人类能不能长期在洞穴内生活呢？

　　现代人之所以对这个问题产生浓厚的兴趣，主要是因为人口激增，地球表面的生存空间日益减少。如果能够证明人类可以在洞穴里长期生活的话，世界上仅石灰岩洞的面积就超过了4000万平方公里，人们就用不着再为缺少住房而发愁了。

　　早在1962年，法国的洞穴学家西尔夫就首次做过这方面的试验。他在洞穴里总共生活了63天，但终因黑暗、潮湿、烦恼和疲倦返回了地面。

　　苏联的洞穴专家带着一大批学生也进行过相同的尝试。他们在海拔950米、深60米的一个山洞里居住下来，支起帐篷，铺上睡袋，每天记录血压、心率、体温等。他们不用煤气加工食物，用发电机和蓄电池照明，用电炉烘干衣物。

　　应该说，借助现代科技的力量，确保人类在洞穴里的生存是不成问题的，但这却不能防止洞穴反应的发生。在恒温6℃、湿度为100%的洞穴里，人们会逐渐变得敏感易怒，时间感也会发生偏差。通过测量脑电图和心电图等，人们还发现，在洞穴中生活的人大脑皮层活动受到压抑，心血管功能、生活节律、神经系统的兴奋性、肺部气体的交换能力都会变差。原来，洞穴反应和空气成分有关。当二氧化碳增加到一定的浓度时，人们就会感到头痛、恶心、呕吐并产生其他异常反应。很多专家由此认为，人类是不适合在洞穴长期生活的。

在对长期洞穴生活的可行性进行探讨的过程中，人们也发现了它的一些好处。第二次世界大战期间，意大利人和德国人用溶洞做疗养院，结果使一些患气管病、哮喘病的人不治而愈。苏联一位著名的医生认为，洞穴里无噪音、灰尘、细菌和病毒，是天然的病房。1968年，苏联建成了一所地下医院，还修建了大型洞穴病房，用来治疗过敏病患者。另一些专家由此认为，只要对条件进行必要的改善，人类是适合在洞穴里长期生活的。

不管以上意见哪种正确，人类对洞穴生活的尝试一直没有停止过，而且不断产生新的记录。一位名叫罗尼克的法国妇女，就曾创造了在洞穴中独居100天的纪录。这里值得一提的是，1962年，国际形势一度恶化时，德国一对中年夫妇担心发生大战，躲进了自建的防空洞中，竟然一住就是25年。他们虽然不是在有意做试验，但却提供了一个很有价值的数据。

到目前为止，人们还只能通过个别人或极小的团体来进行洞穴生活试验，而要想使洞穴生活形成具有实际意义的规模，那就必然会出现许多新的问题。即使在一个极为宽敞的洞穴里住上成千上万的人，在呼吸、饮食、排泄、交通等方面也会出现意想不到的麻烦，甚至会带来毁灭性的灾难。有些专家指出，人类不可能大规模地移居洞穴并在那里长期生活下去，只有严格限制规模，才能将这一设想部分地变成现实。

峨眉山上看"佛灯"

　　"峨眉佛灯"是峨眉山的四大奇观之一。在天气晴朗而又没有月光的晚上，站在峨眉金顶睹光台上，远眺群山，放眼森林，就会看到"佛灯"。开始时星星点点，继而千点万点，弥漫山谷，恰似点燃了的万盏"佛灯"。从外表看，它既像萤光，又像磷焰；既像灯光，又像繁星，闪闪烁烁，让人难以确定真实面目。

　　佛灯又称神灯、圣灯，早在唐朝时就有记载。从那时起，十几个世纪以来人们在不断探索它的形成原因，但迄今为止仍然是各执一词，没有定论。

　　有人认为，佛灯其实就是磷火发光造成的效果。在峨眉山这样的地方，产生磷火的自然条件是非常具备的，千百年来动物尸体的腐烂过程会产生出大量磷化氢。它们给"佛灯"提供了充足的"燃料"。清代的楼黎然在《游峨眉山记》中就这样说："在荒山为鬼火，在名山为佛灯。"

　　也有人认为，在金顶上看到的佛灯，其实是光线反射、折射的结果。20世纪30年代，著名作家许钦文在游历峨眉山后指出，佛灯可以分为两种：一种数目不多，光线较短，颜色发红，相对静止；另一种颜色发绿，长长的不断摇动。他认为，前一种不过是山下居民家的灯光和街灯；后一种则是峨眉县和青龙场一带水田、江河所映出的星星倒影。

　　还有人认为佛灯是动物带磷发光形成的。1938年，张志和在《峨眉游记》中说："传峨眉山中有荧火虫长寸许，能发此光。"他又说在金顶上曾看见一西籍传教士从舍身岩攀援而下，在丛林中发现了这种发光的荧火虫，数以万计，时飞时停，时高时低，时聚时散，飘于空中，宛若灯火万点。

　　到了80年代，有人推测是某种气体燃烧，从而形成了佛灯万盏的现象。其理由是，佛灯出现时往往是由一点亮起，逐渐增多，又时聚时现，飘飘荡荡，这种现象说明它是某种气体在燃烧。

1983年，井冈山总体规划委员会派出一个普查队，对峨眉佛灯现象进行了实地考察。他们对发光地区的土壤、枝叶和不发光区的土壤、枝叶进行采样化验，证实发光与含有机磷无关。这就否认了第一种观点。化验结果表明，发光的枝叶上寄生着一种叫密环菌的真菌，当这些枝叶含水量达100%时，就会发光，干燥后光亮消失。这些枝叶之所以能在夜幕中光芒四射，是因为密环菌遇到雨水和氧产生摩擦作用而形成的。这一种看法以实地考察为基础，有较高的可信度，但又不能贸然否定其他说法。

庐山佛灯与峨眉佛灯相似。从山上看，佛灯主要布于山下，高度很低，其光忽明忽灭，闪烁离合，好像天上灿烂的繁星。有人认为庐山的佛灯是磷光造成的，也有人推测可能山中蕴藏着镭或金矿，但这些都只是推测，无一得到证实。因此，庐山佛灯与它的雾有声、雨上跑组成了庐山三大悬案，等待着人们去研究，得出科学的结论。

"乐山睡佛"之谜

四川省乐山有座驰名中外的乐山大佛。令人惊奇的是，人们又在乐山大佛外围发现了另一尊全身长达4000余米，由几座山体构成的"巨型睡佛"。

来到最佳观赏点"福全门"，从乐山河滨举目望去，逐渐可见仰睡在右青衣江畔的石佛。这尊古佛酷似直身仰卧的石人，形态逼真的佛头、佛身、佛足，分别由乌尤山、凌云山和龟城山联袂构成。佛头、佛身由整座乌尤山构成。那山石、翠竹、绿荫、山径、亭阁、寺庙，分别呈现为石佛卷曲的头发、饱满的前额、长长的睫毛、平直的鼻梁、微启的双唇、刚毅的下颌，看起来栩栩如生。佛身是巍巍的凌云山，山上九峰相连，犹如石佛宽厚的胸脯、浑圆的腰、健美的腿。佛足，实际上是由苍茫的龟城山的一部分构成。脚板跷起，竖看宛如顶天立起的"擎天足"，充满了无穷的神力。

更令人惊奇的是那座乐山大佛，竟不偏不倚地被古人雕琢在石佛的胸脯之上。这正应了佛教所谓的"心中有佛"、"心即是佛"的禅语。这是不是乐山大佛所"暗示"的天机呢？

人们今天再到乐山拜望大佛，放宽眼界，便会看到71米高的乐山大佛坐东向西，而4000余米长的石佛则头南足北。号称"世界之最"的乐山大佛像是偎依在"石佛"怀中，一坐一卧，佛中有佛，浑然一体，相得益彰，实为天下一大人文奇观。

乐山石佛究竟是怎样形成的？这是个巨大的科学和自然之谜。

现在有一种推断占着上风，认为乐山巨佛产生于公元前两百多年，也就是距今两千二百多年的时代。

据《史记·河梁书》中记载："蜀守冰凿离堆，辟沫水之害。"这里的"冰"是指李冰，中国著名的水利工程都江堰的创造者，而"离堆"就是乌尤山。也就是说，两千二百多年前，古人就凿开麻浩河，造就了石佛的头。

如果说佛头是不经意而成的话，那么，为何唐代僧人慧静在创造乌尤寺后，要立下法规，不许任何人随意挪动和砍伐乌尤山的一石一草、一树一木呢？代代僧众都视此为神圣不可侵犯之法规，因而才保证乌尤山林木繁茂，四季常青，佛头也因此而完美无损。为何乐山地区至今还流传着凌云大佛与小青蛇是如何保护乌尤山一类的神话故事呢？

据研究乐山大佛的有关部门和专家们介绍，迄今为止，还没有发现和听说关于石佛的记载和传说。那么，石佛雄姿纯属山形地貌的巧合吗？那为何佛体全身人工的刀斧痕迹比比皆是呢？为什么1300年前的唐代开元初年（713年），海通法师辟山雕琢乐山大佛偏偏选中了凌云山西壁的栖鸾峰，雕在了巨佛心胸处呢？

现在乌尤寺的僧人们身处"佛"中却并不知"巨佛"。如今一被点破，他们便认为山成巨佛为天然因素居多。甚至干脆说乌尤山是受佛的灵气所致。

除了石佛形成之谜外，再就是"福全门"之谜了。浮在江面之上的乐山城与三山隔水相望，但要看到容貌逼真的石佛身形，其最佳只有"福全门"了。其他任何一处观赏效果都不是最好，或是看上去身首异处，或是佛头不清。是不是先人暗隐"玄机"，以"福"喻"佛"，寓意唯在此处才是观赏石佛全貌的"佛全门"呢？

究竟是天工之巧，还是人工之巧？乐山巨佛诸多之谜，正引起了科学家的广泛兴趣，人们期待着能在短期内，揭开这一巨大的自然和科学之谜。

岩盐山形成之谜

南美洲哥伦比亚有个叫作锡帕基腊的地方，这里有世界上最大的岩盐山。600多年前，当地居民就发现了这座岩盐山，并且进行了开采。据统计，即使每天有5万人用风钻进行开采，在今后500年的时间里，也挖不尽山中的岩盐。

在这里劳动的人们，曾经用了6年的时间，在离山顶240米的岩层里，开凿出一座能停放200辆汽车或容纳5000人的大教堂。

这座四壁被岩盐所包围的大教堂，有3条长120米、宽50米、高20米的回廊。每逢星期天和祭祀的日子，城里的人们就成群结队地来到这里向上帝祈祷，这里也就变成了一个社交场所。

在奥地利、德国、美国等地也有类似的岩盐山。奥地利岩盐山的岩盐层厚1.4公里、宽32公里、长800公里，挖掘后的空间就成了住房，盐矿的职工们用来做宿舍，这样的宿舍甚至有五层楼的住宅。另外还有教堂和舞厅以及一条50公里长的马路，简直成了一座城市的雏形。

哈尔施塔特（Halstatt）存在着世界上最古老的盐矿，当地开采盐矿的历史约有4000年。经过长期的挖掘，开采后的空间形成了一座颇具规模的地下城市。

为什么会形成这样厚的岩盐呢？有人认为，这可能是某个大盐湖的水蒸发后形成的。然而，假如有这样一个大盐湖，水量应该多得相当惊人，又怎么会蒸发光呢？这些问题还有待于进一步研究。

吞吸动物的怪洞

艾哈老爹养了12只羊，住在四面临海的小岛上。印度尼西亚是个千岛之国。这小岛只是其中最小的岛屿之一。

离小岛不远，是有名的爪哇岛。

艾哈老爹一直想上那儿去看看。别看他已是60多岁的人了，可对新鲜事的好奇和兴趣，不比年轻人差。

传说爪哇岛上有一个神秘的山洞，洞里藏着许多金银财宝，也有人说，那儿藏着一个吃人的妖魔。尽管众说纷纭，可是谁也没有亲身去过洞里，说不清那里面究竟藏着些什么……

恰好这年小岛上的牧草长得少，艾哈便带着12只羊坐上木船向神奇的爪哇岛驶去。

海面风平浪静。小船像在镜子般的水面上滑行，不一会儿黑黝黝的岛影便矗立在面前。

小船靠上礁石，羊群看着这个陌生而新鲜的地方一齐"咩咩"地欢叫起来。

岛上荒芜的情景，使艾哈很失望。除了山石和枯树外，几乎看不见丰盛的牧草。

也许羊对牧草的感觉特别灵敏，离岸边不到500公尺的地方，却有一块芳草地。羊群蹦蹦跳跳地朝前奔跑。

艾哈走在后面，打量着周围的地势。

这儿的牧草很新鲜，好像没有什么牲畜来啃过。

草地的左后方有一座不高的山。

艾哈见羊群吃得津津有味，四周很平静，他才放心地坐在树下抽烟歇息。

身边是刷刷刷的嚼草声。

过了好一会儿，他察觉嚼草的声音稀稀落落，抬眼远望，发现4只贪嘴的羊跑到山那边去了。

太阳升到中天，该是回去的时候了。可那4只羊还没回到伙伴中间来。

艾哈老爹拉长了声调吆喝着。除了那山发出沉闷的回声之外，没有羊叫声，也没有它们的身影！

艾哈老爹感到爪哇岛上隐伏着什么可怕的怪物，正向他悄悄伸出魔爪！

他带着身边的8只羊，走向那沉寂的山。他要找回4只羊！

羊跑在主人前面，艾哈老爹慢慢走近山前，才看清这座孤山并不像他在别处见到的那样奇形怪状。但奇特的是这山前后左右有6个山洞。当他站到一棵大树上喘息时，从未见过的奇迹出现在眼前：静寂的山洞口像吸气的咽喉，一下子把艾哈老爹身边的8只羊全吸了进去！

羊连呼叫声也没来得及发出来，就像坠入陷阱般地消失在山洞中！

艾哈老爹发觉自己的双脚已离开了地面，好像洞里伸出一只无形的巨掌把他往里拉。他紧紧抓住大树，才幸免一次可怕的灾难。

令人吃惊的是，洞里堆着许多野兽的骸骨。它们遭到与羊同样的厄运，而他的羊连尸骨也没留下！

山洞里莫不是真的藏着吃人畜的妖魔！艾哈老爹想到这里，吓得不敢再停留一秒钟，撒开双腿立刻往回逃。

他感到背后有一种吸力，一种来自山洞的吸力在拽他。

他拼命跑，终于跳上小船离开了爪哇岛。

艾哈老爹成为九死一生的幸运者。然而，这里依然是一切生灵的死亡谷。直到今天，它的魔力对人类来说还是一个谜。

洞中的无形"杀手"

　　每年，来到土耳其的阿波罗神庙参观游览的游人络绎不绝。吸引人们的不仅是阿波罗神庙古老的遗址，而且附近阿穆利加风景区的奇石瀑布也令人流连忘返。

　　这天，游客们参观完阿波罗神庙，兴致勃勃地观赏起周围的风景。这里古木参天，奇石林立。一道道飞泻而下的瀑布，在阳光下闪烁着五彩斑斓的色泽，到处是清澈见底、淙淙流淌的温泉。迷人的景象使大家心旷神怡，忘记了时间。

　　黄昏悄悄地降临了，人们才陆陆续续地返回。这时，有一对名叫沃森的夫妇神情紧张地拉住游人一一询问，有没有看见他们7岁的女儿琳达。大家都摇摇头。直到游客全部走完了，沃森夫妇还没有打听到女儿的下落，急得不知所措。

　　这时，路上走来了一个当地老头。沃森夫妇急忙上前询问，告诉他刚才他俩忙着拍照，就让女儿自己去玩，不料一转眼，女儿就不见了。只记得那里附近似乎有几个岩洞。老头听了沉重地叹了口气，摇摇头不说话。

　　沃森太太都快急哭了，再三哀求。老头才缓缓地开了口："你们大概不知道那儿有个'杀人洞'吧？自古以来，误入此洞的人不计其数，只有人进，没有人出。唉！"沃森夫妇听了又惊又怕。可他们还抱着一丝希望，幻想女儿会突然回到他们身边。

　　然而，琳达从此再也没有回来过。此事又一次震动了土耳其。那里接二连三地发生一起起神秘的失踪事件，而那个可怕的洞里究竟隐藏着怎样凶残的"杀手"，人们却无法得知，似乎这是个不解之谜。

　　两个月后的一天，阿波罗神庙里出现了一个特别的游客。他一来就要找当地的向导，说打算去那个神秘的古岩洞。没有人愿意冒这个险。这个叫艾林森的美国人保证，向导的生命不会有危险。于是，一个年轻力壮名叫吉尔夫的小伙子答应了他的要求。

第二天一清早，他们就出发了。吉尔夫见艾林森肩上扛着一个口袋，手里又拎着只皮箱，就把袋子接了过去。他发现分量挺沉的，就问里面装的是什么。艾林森笑笑说："一会儿你就知道了。"

弯弯曲曲的山路不断向前延伸，一路上到处是奇峰异石，瀑布如同一条条银练悬挂在岩石上。艾林森却顾不上观赏，走得气喘力乏，汗水直淌。

吉尔夫停下脚，抹了把汗，指着前方说："看见那个洞了吗？"

只见岩石的凹陷处，呈现出一个狭窄的洞口。他们小心翼翼地靠近洞口。洞里黑乎乎的，一股凉风袭来，使人不寒而栗。

艾林森迅速打开那只口袋，拿出一套防护服穿上，又戴上了防毒面具。吉尔夫也照他的样子穿戴齐全，两人便一前一后地进洞了。

洞里阴森黑暗，艾林森拧亮手电，慢慢地向前挪步。忽听"哎哟"一声，吉尔夫被什么东西绊了一下。他们低头一看，不禁毛骨悚然，原来竟是白森森的尸骨。没走几步，地上又有几具骷髅。吉尔夫吓得手脚冰凉，艾林森却显得胸有成竹。他从皮箱里取出仪器，测试起来。不一会儿，他脸上露出喜悦的神色。

两人走出洞外，艾林森并不说话，独自在洞的四周细细观察。当他在温泉里洗脸时，忽然兴奋地跳了起来，连声说："凶手找到了!"吉尔夫在一旁听得莫名其妙。

几天后，很多报纸刊登了美国学者揭开"杀人洞"之谜的新闻。原来，艾林森是美国纽约大学的教授。1987年，在喀麦隆高原尼奥斯湖畔发生了一件怪事，成千的喀麦隆人和牲畜突然倒地死亡。经过调查才知道，由于湖底长期积聚的大量的二氧化碳突然喷发，造成周围人畜窒息而死的悲剧。艾林森从此事得到启发，趁这次来土耳其讲学之际，特地进行了考察。测试结果证实了他的推测。洞内充满了二氧化碳。原来，附近的高温泉水流经含碳酸钙的地下岩石时，溶解了许多碳酸钙并使之分解成碳酸氢钙和二氧化碳。当这些溶有二氧化碳的温泉水流到山洞周围时，遇到空洞压力便骤然降低，泉水中的二氧化碳随即从岩隙中释放出来，充满洞中，成了置人于死地的无形杀手。

海底的"无底洞"

在希腊古城亚各斯的海边，有一个奇怪的岩洞，每天都要流进3万多吨海水，但却从来没有灌满过，也没有人找到它的出口在哪里，因此人们称它为"无底洞"。

从20世纪30年代开始，地质队就对它进行了多次考察，但没有任何结果。1958年，美国的一支地质队对它进行了一次全面考察。他们先在水中加入一种永不变色的玫瑰红塑料颗粒，让它们灌入洞中，然后在希腊的近海岸、河流、湖泊中寻找这种颗粒。只要它在哪儿冒出一个，就有可能找到出口。

然而，他们找了好久，竟一个也没有找到。有一次甚至出动几百人找了一年多，仍是一无所获。后来，他们又改用经久不变颜色的深色染料，把它加入水中，然后查找了大批水井，也是毫无结果。

那么，每天3万吨的海水到底流到哪里去了呢？当然它不会进入地心，一定是从某个未知的出口出去了，可是这个出口又在哪里呢？

科学家们为了解释这个自然之谜，作了种种推测，多数人倾向于把它解释为"水桥"的作用。所谓水桥，就是指在海底有一条水的通道，就像陆地上暗藏地下的河道一样。

这一推测来自百慕大三角区的发现。百慕大三角区也是一个神秘地带，有时候一些船只莫名其妙地失踪了。有一次，瑞典学者阿隆森听东太平洋圣大杜岛的朋友说，有时在圣大杜岛沿海会看到一些奇怪的东西浮上来。阿隆森立即前去调查，发现这些浮上来的东西竟然是百慕大三角区消失的船只残物。他认为百慕大三角区和圣大杜岛之间可能存在一条海下"水桥"。实物试验，果然证明了他的假想。从百慕大三角区放下去的东西，会穿过美洲大陆的下边，在东太平洋的圣大杜岛海面出现。

青少年自然科普丛书

qingshaonianzirankepucongshu

名山异洞

按照这种推测，进入亚各斯"无底洞"的水，很可能是经过某一地下通道回到大海深处，又经过海底"水桥"流到离洞口非常遥远的地方的。

假设在亚各斯的"无底洞"与某个地方之间真有一条"水桥"，那么它有多长，终点在哪里，这些又成了新的未解之谜。

地下"水晶洞"

冰洞是地底下的一大奇景。

世界著名的冰洞分布在罗马尼亚、匈牙利、奥地利和美国等地。

罗马尼亚西北部的阿普塞尼山，石灰岩遍布，山上有许多溶洞。大部分洞穴里，一些溶解的矿物质在洞顶、洞底沉积，形成气象万千的钟乳石、石笋等。这里有个名叫斯卡里索拉的洞穴却与众不同，点缀山洞的滴水石是冰。

斯卡里索拉冰洞是高原上的一个灰岩坑，海拔1100米左右。这个竖坑从地面垂直陷落50米，洞底逐渐开阔，分成两个大穴室，称为"大堂"和"教堂"。它们连接着其他小穴室和通道网，最深处离地面有120米。

许多坚冰把大堂和教堂装扮得各有特色。大堂内有一座高18米的冰崖，冰崖脚下是一个"冰池"。教堂内是一簇簇的冰笋，由从穴顶缓缓滴下的水凝结而成，有些冰柱长达1.8米。

奥地利的洞穴景观享有盛名，而奥地利的冰洞更是世界闻名。它长年坚冻不化，蔚为奇观。萨尔茨堡冰洞是世界最长的冰洞，洞长42千米，被称为"巨大的冰世界"。

洞顶由氧化铁染得通红，洞壁悬着冰瀑；冰块奇形怪状犹如雕刻；下垂的纤维般的钟乳石，看上去像优美而精细的纱帘。

奥地利南哥勒格山里有一处冰顶洞，是对外开放的最高的"游览洞"。人们先要经过一条弯曲的道路来到陡坡前，再继续3小时的攀登，才抵达洞口。

入洞后，石径陡峭，曲折下延；洞中的地面全是冰。人们借着摇曳的电石灯灯光，可以隐约地分辨出一个大致有20米宽的暗拱顶轮廓，这是洞中的"巨神童"。从这里穿过去，就进入了充满滴水石体的通道和石室，地面上生有石笋，洞顶垂有钟乳，洞壁充满了软方解石的沉积物，呈现出一片白色。

斯洛伐克的塔特拉山，有个多柏辛斯基冰洞。冰洞长达几千米，里面覆盖着厚达60米的冰层，是世界最大的冰洞。冰洞有两个大厅，两个冰的深渊，它们之间有冰的夹道、坑道和冰阶，相互连接。

第一大厅长1350米、宽600米、高110米，里面覆盖着厚厚的冰层，耸立着大大小小的冰柱。在水银灯和彩色灯光照耀下，冰层显得透明、晶亮，仿佛是个水晶宫。

第二大厅更大，中央有个天然溜冰场。大厅的冰壁上，冷暖气相交，凝成朵朵霜花，花形突出，在彩色灯光反射下，像四季盛开的千万朵梨花，在争艳比美。

狭长的坑道里，四周都是冰层，在灯光照耀下，像个玻璃走廊。坑道里有160级冰阶向下通向冰的深渊。它有75米深，真是一个惊险的悬崖绝壁。冰渊的边缘下，有条60多厘米宽的裂缝，那下面又是更深的冰渊。

科学家发现，冰洞往往只有一个洞顶的口进出。冷空气从那里进去以后，在洞底越积越多，跑不出去；而洞里的热空气比较轻，浮在上面，最后被赶出洞外。就这样，洞里的地下水、空气里的水分慢慢冷凝成冰，经过长年累月的冻结，变成今天这些巨大的冰洞。

雪山上的"蓝血野人"

一支由6个美国人和2个瑞典人以及一条猎犬组成的登山队正在向世界屋脊——喜马拉雅山进军。在他们攀登了6000多公尺高度后，夜幕开始降临。

队员们全都累得筋疲力尽。队长是瑞典国家登山健将唐森，他命令大家停止前进，在原地扎营休息。

喜马拉雅山的黄昏景色在别处是看不到的。雪山以迷人的姿态迎接这些勇敢顽强的登山健儿。但队员们却已疲倦得无心观赏眼前的美景。他们忍着双腿肿胀，七手八脚地安置帐篷，卸下重负，准备好好地睡一觉，明天继续向地球峰巅珠穆朗玛峰挺进。

大概实在是太疲劳了，队员们都是刚刚躺下就发出了一阵阵鼾声。

队长唐森有点儿不放心。他走到帐篷外面，仔细地巡视一遍，看看绳子扎得牢不牢，他担心半夜里雪山的暴风雪会把他们的帐篷卷到山谷中。直到他确认万无一失了，才走进帐篷，抱着他那条心爱的猎犬考尔放心地睡觉了。

当他们美美地睡了一觉醒来时，靠近门口的两个美国队员几乎同时惊叫起来：他们的登山服和行李包不见了!他们慌张地里里外外找了个遍，仍然不见踪影。

唐森跟着几个人走出帐篷一看，作为门的厚棉帘已被捅开。更令人吃惊的是，地上有一行奇怪的大脚印，沿着帐篷绕了好几圈。

这真是不可思议，难道海拔6000公尺的地方也有小偷？不可能！但这地下的巨大脚印却叫人费解。从它的外形来看，和人类的脚印完全一样。有人忽然想起了传说中的"雪人"，那是一种非常可怕的怪物，谁也说不清它究竟是怎么个模样。难道今天让登山队员们碰上了？这脚印就是"雪人"留下的？

大家众说纷纭，但心里都有些提心吊胆。

唐森想了想，提议在这里多住一夜，看看今天晚上会有什么情况，队员们出于好奇都同意了队长的建议。

夜晚临睡前，队长唐森要求大家多加小心，并让他心爱的猎犬考尔在帐篷外值班。

开始一直平安无事。直到后半夜，队员们全都在梦乡中沉睡时，考尔突然叫了起来。听见狗叫，唐森一跃而起，第一个冲出帐篷，跟着考尔朝前追赶"小偷"。但已经晚了，不一会儿，考尔也垂头丧气地跑了回来。

队员们纷纷走出帐篷，在星光的映照下，雪地上仍然留着一行深深的大脚印。

为了把这脚印之谜彻底揭开，大家决定晚上不睡觉，耐心等候"小偷"的光临。唐森想了个办法，在帐篷外面放了些衣物和食品之类的东西，引诱"小偷"上钩。

当晚，8个队员躲在帐篷里严阵以待。唐森准备了枪支，另一名队员把摄像机的镜头对准了外面，以便及时记录下即将发生的一切。考尔也全神贯注地等待着主人发出的命令。

晚上月色很好。大家聚在帐篷口，瞪大眼睛注视着，心里都有些紧张。

时间一分钟一分钟地消逝。帐篷外静寂得如同死亡世界，帐篷里仿佛听得见每个人的心跳声。一个小时过去了，毫无动静。

忽然，从远处隐隐约约传来一阵沙沙声，由远而近。他们听得越来越清楚，像有人踏着雪朝这里走来，声音很沉。

"来了"，唐森低声说，让大家作好准备。

一会儿，月光下出现了一个黑影子。远远望去，身影显得很庞大，行动却并不迟钝。它一步一步地踏着雪朝帐篷挪来。

它一点点地走近时，队员们才依稀看见它奇怪的形体，非人非兽，但无法看清它的真面目。当它完全进入预定的包围圈时，唐森"嘘"了一声，考尔如同出弦的箭，窜出帐篷，朝那个"小偷"扑上去。

考尔出其不意的进攻使"小偷"惊慌失措，它转身就逃。考尔紧追不舍。唐森和队员们也一齐冲出帐篷紧跟在后面。

"小偷"的奔跑速度远不如考尔。考尔赶上了它。

考尔叫了一阵，想咬它的腿，但一时也不敢下口。"小偷"发了急，抡起拳头向考尔砸去。考尔一闪身躲开，终于一口咬住了它的小腿。"小偷"嗷嗷大叫起来，一蹬腿，溜了。考尔又猛追上去。

唐森怕考尔吃亏，端起枪，瞄准了"小偷"的脚后跟。"叭！"射出了一颗子弹。

子弹击中了目标，"小偷"嚎叫一声，走不出几步，便扑通一声跌倒在雪地里，但它还是爬了起来，踉踉跄跄地跨着大步逃走了。

这一场紧张的"战斗"，都被录像机摄录了下来。

唐森和几个队员奔跑过去，在"小偷"跌倒的地方。发现一摊奇怪的蓝色粘液。根据现场判断，应该是"小偷"中弹时留下的血迹，但血怎么会是蓝色的呢？

"小偷"不会再来了。队员们担心耽误了登山计划，只好怀着深深的疑惑继续他们的旅程。

两星期后，这支登山队带着雪山上取来的那奇怪的蓝色液体，来到某大学的实验室。化验的结果不禁使登山队员们惊讶万分，也引起了生物学家的广泛兴趣——他们发现了一种自然界罕见的现象——蓝色血液。

那蓝色液体是不折不扣的血液，血细胞和血小板正常，血型为B型。有关生物学家由此猜测，在地球的最高处可能居住着这样一种动物，它们由于长期生活在多雪高寒的地带，体内的血色素是蓝色的。但是，这是一种什么样的动物呢？这个问题正是科学家们目前正在积极探索研究的新课题。

猴岛上的猴子王国

"岛"是水中的山，山水交融的地理条件，造成了岛的特有自然生态环境。

海南省陵水县的南湾半岛，三面碧波环绕，一面青山依傍，面积大约538公顷。在这得天独厚的自然环境中，栖息着15群约800只猕猴。其中人工驯养的有3群，俗称东群、西群和石头山群。南湾半岛被划为猕猴保护区，定为旅游点后，吸引着各地游客，人们就把它称为猴岛。

开饭时间，饲养员把大米和番薯丝撒在地上，然后掏出一种特制哨子，用劲地吹起来，并接连高喊几声"来——来——来——来!"

霎时，寂静的山林喧腾起来，树丛中的猴子争先恐后地飞攀纵跃，吱吱喳喳，此呼彼喊。不一会儿，这个猴子家族的四五十只大大小小的猴子，便集拢到饭场。首先出现在一块大石头上的是一只大公猴，身高体壮，全身金黄，屁股鲜红，目光炯炯，警觉地扫视着四周，这便是东群猴王。当猴王确认平安无事了，才神气十足地发出开饭的呼唤声。众猴闻讯，闪电般地扑向食场，有的大把大把地抓东西往嘴里送；有的四肢贴地伸长嘴巴抢吃；为了争食物，大猴咬小猴，把小猴咬得吱吱叫；还有两只母猴一手抱崽，一手抓吃，从容镇定，丝毫不受公猴的干涉。

猴子喜爱群居，由一只威武雄壮的猴王统率在固定的地盘内过着小部落家族式的生活，猴群之间的边界是神圣不可侵犯的。据了解，在东群的食场，曾发生过因西群猴入侵而引起的"百猴大战"。

开战时，王对王，将对将，兵对兵，追逐撕打，滚作一团，有的被打得头破血流，"呼呼!啊啊!咩咩!"的吼叫声和救喊声响彻山林。西群猴王年轻凶猛，东群猴王被打得招架不住，只好边打边退，可西群猴王穷追不放。正当危急之时，突然从东群中杀出几员大将，奋不顾身地围攻西群猴王，东群猴王见有了援兵，便反扑过来。西群猴王四面受敌，孤立无援，被打得狼狈不堪，只好突围逃回西坡。

在猴子王国里，最残酷的斗争要算是猴王争位。每个猴子部落里都有一只猴王，大的猴群还设有副王和三王。

龙栖山自然保护区

    龙栖山地处福建省西北部将乐县城西南57公里，属武夷山脉向东延伸的支脉。龙栖山自然保护区面积6371.5公顷，境内崇山峻岭，山势陡峭，群峰耸立，峡谷幽深，千米以上高峰11座，最高山峰1620.4米。这里密林深幽，潭多水清，峡谷中流泉飞瀑，深潭相间，传说潭中有"龙"栖息，得名"龙栖山"。

    龙栖山保存着丰富、完整的原始森林和青翠欲滴的浩瀚丛林，这里气候宜人，冬无严寒，夏无酷暑，终年鸟语花香，珍禽异兽繁多且频繁出现，特别适宜鸟类生存和繁衍生息。因而，鸟类资源极为丰富。自1990年12月至1993年12月，共发现鸟类87种，隶属10目、26科、64属。

    雉科鸟类是该地区留鸟。现已发现有属于国家一级保护动物的黄腹角雉，国家二级保护动物的白鹇，以及灰胸竹鸡、鹧鸪、雉鸡等。

    灰胸竹鸡是一种较小型的雉类，体重不足400克。上体棕橄榄褐色，眉纹灰色，背杂以显著栗斑；下体前为栗棕色，后转为棕黄色；胸具灰带，呈半环状，体侧有黑褐色斑。灰胸竹鸡在龙栖山的低山灌丛、竹林、杂草丛生地方，是极为常见的鸟，常结成四到六只群体。觅食时，非常安静，不发出叫声；遇惊骇时，则紧急地逃窜出稠密的灌丛。它们昼出夜伏，清晨开始活动，且常发出"kiny……killy……"单音节的鸣叫，几百米内可清晰地辨识它们的鸣声。

    白鹇是一种非常美丽的观赏鸟类，尤其是雄性白鹇，脸的裸出部分呈鲜艳的赤红色。在繁殖期有三个赤红色的肉垂，艳丽非凡。上体纯白而密布黑纹；羽冠和下体呈灰蓝色、黑色，长长的尾巴，大都白色。雌鸟羽色为橄榄黑色。白鹇喜栖息于多林的山地，尤其喜欢在山林下层的浓竹丛间活动。白天大都隐匿不见，但在晨昏才开始挖掘搜索食物，且发出粗糙的叫声。昼间漫游、觅食、饮水都没有定向。阴雨天，游人曾见到白鹇在山间公路边觅食，发现行人后则边走边停，左右顾盼，随后慢慢离去。白鹇是保护区较常见的鸟类，它的白色黑斑的体羽，在绿色林海中是不难发现的。

黄腹角雉是我国特产的珍稀鸟类，其模式标本于1857年采自福建省武夷山，分布限于福建、浙江、广西、广东及湖南局部地区。该鸟在龙栖山栖于海拔1000至1400米的常绿落叶阔叶林中，现仅有一至两群，总数不足20只。黄腹角雉体形适中，体重1.5千克左右。雄鸟头部两侧长出淡蓝色肉质角，故称角雉。喉下有一肉裾，繁殖季节因充血而胀膨，其中央部呈黄色，并有紫红色的斑点，边沿部钻蓝色，并在左右各杂以9个大型的灰黄色块斑，脸的裸露部呈黄色，脚呈粉红至棕色。头上羽冠前黑后红，上体大部分呈栗红，并杂以皮黄色卵圆斑，而下体呈皮黄色，得名为黄腹角雉。

黄腹角雉一般在晨昏活动，且常发出酷似婴儿啼哭的"哇哇"声。黄腹角雉性较怯懦，好隐匿，喜奔走，只有在迫不得已时才起飞。夜间在树上栖宿，营巢也在树上，是雉科鸟类中能在树上营巢和繁衍生息的少数几个种类之一。

雉鸡又称环颈雉、野鸡。栖息于海拔500米以下低山丘陵的灌草丛中，为常见种类。

在保护区树林中栖息的鸟类，还有啄木鸟、黄鹂、杜鹃、山椒鸟、鸦、夜鹰和隼、鹰类等。

当人们沿着山区小路或溪边行走时，各种鸟儿欢乐的鸣叫声，组成独特的百鸟争鸣的交响乐曲，使人流连忘返。

蜥蜴成堆的库辛岛

众所周知，在我国旅顺口外有一个蛇岛，以盛产腹蛇闻名遐迩。无独有偶，最近发现在非洲塞舌尔群岛中的库辛岛上，基于得天独厚的条件，这里蜥蜴成堆，这种现象引起了动物学家的极大兴趣。

蜥蜴在世界上许多地方都有分布，而以热带小岛密度最大。在400亩方圆的弹丸小岛——库辛岛上，蜥蜴基本上可分为两个种群，总计大约4万余条。如按单位面积计，上述两种蜥蜴的平均生物量竟达每亩590千克。因此，倘若将库辛岛叫做蜥蜴岛，那是一点也不过分的。

那么，是什么原因使蜥蜴在库辛岛上如此兴旺呢？

原来，在塞舌尔群岛上筑巢的海鸟很多，其中库辛岛上的树丛中栖居着大量的黑燕鸥。黑燕鸥的体型很小，但由于数量多，每年排泄的粪便可达20多吨。再加上黑燕鸥叼食途中不慎失落的大量鲜鱼及由鸟巢中滑落出的许多鸟蛋，给蜥蜴提供了充足的食料。库辛岛上的蜥蜴目前全年总需食量约为11吨。以上述3种食物来维持蜥蜴的生计，那是绰绰有余的。于是，岛上的蜥蜴全都长得膘肥体壮，仅仅凭借它们体内贮藏的大量脂肪，就能挨饿百日而不毙。岛上的蜥蜴每年也有一段时间换换胃口，这时，它们不再吃鸟粪、鸟蛋和小鱼，仅以热带丛林中的野果为食。

库辛岛上的蜥蜴王国也有着它们的难处。由于岛上蜥蜴的密度太大，同类相残的现象极为严重。据考察，越是鸟巢密集的树下，前来就食的蜥蜴就越拥挤，从而使一些幼蜥被挤死，致使存活率降低。那些鸟巢较稀少的林区，相对有利于幼蜥的生长发育，存活率则较高。但成年大蜥蜴却因食源不足而受到饥饿的威胁。如何两全其美，是当前库辛岛上蜥蜴王国的主要矛盾，有待于科学家探索解决。

安第斯山麓中大兀鹰

大兀鹰又名"秃鹰"、"秃鹫"、"美洲神鹰"，是安第斯山麓中的百鸟之王。

大兀鹰主要生活在南美洲智利、秘鲁一带的安第斯山悬崖峭壁之上，以及海拔在3000米以上的高原地带。所以说，大兀鹰是少见的喜欢在高空飞行的鸟类。据说，有的大兀鹰能在7500米以上的高空飞行。当它需要休息时，常挺立在绝壁险石上。这时你可看到它目光炯炯，面露凶色。

大兀鹰最爱吃的东西不是活蹦乱跳的活物，而是各种动物已经腐烂的尸体。不知为什么，它们特别爱吃死去的骆马和羊驼。每次遇见死骆马或死羊驼，它们总是你争我抢，必定争个你死我活。

就这样，它成为大自然的"清道夫"，为保持生态平衡作出了贡献。

阿尔泰山蝴蝶沟

在中国新疆福海县阿尔泰山中，有一个鲜为人知的蝴蝶王国——蝴蝶沟。其地域之广，蝴蝶之多，比起云南大理的蝴蝶泉来，真可谓有过之而无不及。

这条沟长60公里，呈南北走向，海拔1400米左右，四周为群山峻岭环抱。

每年6月至9月间，百花盛开，整条沟云蒸霞蔚，花团锦簇。由于各种花期交替出现，往往今天路过的地方还是金晃晃的一片，翌晨旧地重游，则会变成红彤彤一片、蓝晶晶一片、白皑皑一片……刚来这里的人，常常会因此迷路。

顺着山径往沟里走，沿途花、蝶不断，而且沟越深，花越密，蝶越多。

在蝴蝶沟腹地，空中飞满了蝴蝶；花上叮满了蝴蝶；低洼阴湿处挤满了蝴蝶。它们簇拥着，依偎着，攀附着，攒动着，亲密无间，飞起来铺天盖地，起飞或降落时轰然作响。

这里的蝴蝶多得出奇，也美得出奇。它们大的如枫叶，小的似雪片；有的状如菱角，有的恰似银梭，有的双翅好似虎纹贝，有的俨如孔雀屏。

那色彩和花斑更是异彩纷呈：有的雪白，有的淡绿，有的金黄，有的墨黑，有的银灰；有的颜色单一，有的斑驳陆离；有的闪着耀眼的金属光泽，有的则泛出虹霓般的柔光。

每只蝴蝶又都是杰出的舞蹈家，飞舞起来让人眼花缭乱，难以名状，给山岭增添了无穷美丽的野趣。

神奇的猛犸洞穴

　　大自然鬼斧神工，造就了不少杰作。现已发现的世界上最大的洞穴是美国的猛犸洞穴国家公园。它被誉为西半球奇观。

　　猛犸洞穴坐落在肯塔基州中部的路易斯维尔南约160公里处，占地264平方公里。这里，生长着茂密的森林，蜿蜒曲折的格林河和诺林河流贯其间。猛犸本指一种现在已经绝种的长毛巨象，这里用来形容洞穴体积庞大，与猛犸原义无关。

　　洞穴分布在五个不同高度的地层之内，由255座溶洞组成，最下一层低于地面110多米，合计长度有252公里。洞穴内有77座地下大厅，最著名的是中央大厅、酋长厅、蝙蝠厅、星辰厅、婚礼厅。

　　中央厅在溶洞群的中部，里面有各项设备齐全的旅游设施。酋长厅是最大的一个厅，长163米，宽88米，高33米，可容数千人。星辰厅顶部分布着许多含锰的黑色氧化物，氧化物上点缀着不少石膏结晶。你若仰望顶篷，仿佛是看到了星光灿烂的星空。猛犸洞中石笋林立，钟乳多姿，造型神奇，不可名状。洞内还有两个湖、三条河和八处瀑布。最大的回音河，宽3-8米，深1.5-3米，游人可乘平底船作循河上溯0.8公里之游。河中有奇特的无眼鱼——盲鱼，这种无色水生动物长约12厘米，体无鳞片。洞中还有甲虫、蝼蛄、蟋蟀等盲目生物。

　　传说1799年，猎人罗伯特·霍钦在追逐一只受伤的野熊时，无意中发现了这个洞。但后来在洞中又发现了鹿皮鞋、简单的工具、用过的火把和干尸等，这说明史前的印第安人早就知道这个洞穴了。

　　1812年第二次英美战争期间，这里是开采硝石的矿场。战争结束后，成为公共游览场所。为纪念因考察这个洞而献身的探险家柯林斯，公园内的中心水晶洞叫作柯林斯水晶洞。

世界四大死亡谷

在美国加州与内华达州毗连处，有一条世界上特大的山谷，长达300公里，窄处宽6公里，阔处有26公里。山谷间悬崖绝壁，险象环生，见者不寒而栗，谈之色变。

1949年春，一支做黄金梦的勘探队欣然前往"未开垦的处女地"，结果有去无回，全军覆没。以后，多支探险队试图揭开大死亡谷之谜，结果也有去无回。

后来，科学家用航空侦察，惊诧地发现，这个人间活地狱，竟是禽兽大乐园。据航测统计，在这死亡谷里，有鸟儿近300种，野驴约2000头，蛇类20余种，蜥蜴也有17种。它们或飞、或爬、或跑、或卧，好不逍遥。此谷何以杀人而豢养禽兽，奥秘至今无人知晓。

意大利那不勒斯市和瓦维尔诺湖交合部有个著名的死亡谷。据科学家们的调查，该谷中发现的各种死于非命的飞禽走兽、大小动物的尸骸已超过4000只(头)；其中鸟类几十种，爬行类19种，哺乳动物也有上10种。它们的死，不是自相残杀，也非集体自杀，更非人为，是何根源，至今不明。更有意思的是，该谷只杀禽兽，却不害人。该谷与加州死亡谷成180度的大反差，其原因令人百思不得其解。与美意两大"死谷"不同，独联体堪察加半岛的克罗塔基小死亡谷，不分人兽，遇之成祸。

此谷不大，长仅2公里，宽处300米，窄处才100多米。但地势坎坷，十分险峻。谷里已有大批熊、狼、獾、狐等野兽尸骨，葬身谷中的至今有30多人，其中以探险家居多，动物学家也牺牲了不少。

关于"死谷"杀人灭兽的原因，有几种说法：一是认为这里多露天硫磺等矿，硫化氢和二氧化碳是凶手；一是认为谷高底深，这里产生的热性毒剂氢氧酸及其衍生物是元凶。但这些都没有足够的说服力，因为离死谷一箭之遥有个村子，村子中的人和禽兽居然相安无恙。

　　四大死谷中印尼爪哇谷洞最奇。此谷中有6个大山洞，洞呈倒喇叭状，都是大陷阱。不用说"误入"谷洞者性命难保。就是保持距离者也难幸免。

　　当人或者动物从洞边走过时，会被一种强大的吸引力"拖入"谷洞而"吃掉"。就是离洞口还有6至7米距离，也会被魔口"吸"进去，一口吞下。

　　据侦察，谷洞里已是白骨累累，竟难以分清哪些是人骼，哪些是兽骨。

复活节岛秘密藏宝洞

　　1722年复活节的下午，荷兰人罗格温率领一批欧洲水手，首次登上孤悬于太平洋东部智利的波利尼西亚最东的一个小岛时，他几乎不敢相信自己的眼睛：岛上遍布着数以百计的巨大的石雕像，都长着奇形怪状的长耳朵，一副冷漠的神情，从正面、侧面以及各个不同的角度瞅着你，使人不寒而栗……

　　复活节岛，这一著名的世界文化之谜，古往今来吸引了多少探险者。然而，这些石雕像的价值还不是最主要的，在那坚硬、贫瘠的火山岩地层深处，还隐藏着更加令人吃惊的秘密。这一秘密的揭示者，是挪威杰出的人类学家和海上探险家托尔·海克达尔。

　　海克达尔和他的探险队经过四个多月的发掘、考察，终于摸清了巨大石雕像的迷雾。一天下午，当地一位老妇人将他带到一个小石堆旁指着石堆说道："搬开石头。"

　　探险家满腹狐疑地照办了。他们万万没有想到，一个黑暗的洞口出现在眼前。"秘密洞穴！"这一虚无缥缈的概念，突然变得那样清晰。

　　他们按照老妇人的指点，经过艰难的爬行，终于来到复活节岛漆黑的地下世界。

　　老妇人告诉他说，这是复活节岛战时专用的避难洞。从洞底踩得结结实实的厚厚的一层垃圾来判断，战事一定是旷日持久的。洞穴一个连着一个，宛如埋在地下的成串珍珠。

　　洞口十分隐蔽，人们只有通过尖的或锯齿形的狭窄通道才能入内。洞底有大量的鱼骨和贝壳，还夹杂着禽类骨骼，几件用人骨、石头和火山玻璃制成的原始工具，以及一些骨头和贝壳做成的护身符。海克达尔疑惑不解：石像的制造者应是举世无双的工程师和匠心独具的艺术家，而一个被人追捕的穴居民族又如何能培养出这样的人才呢？

在复活节岛的秘密洞穴里，任何一件石雕品都足以使考古学家们兴奋得手舞足蹈：露着牙、斜着眼、张大嘴巴狂吠的狗头；两只正在交配的海龟；一只栩栩如生的太平洋剌龙虾，虾腿自然蜷缩着，触须平平舒展在虾背上；还有用石头刻成的复活节岛特有的小船模型。

各种怪异动物的雕像也不少，如岛人、蛇人及许多不可名状的怪物。它们表明复活节岛祖先们具有何等神秘和奇特的想象力，要经过多少代人才能积累如此丰富的珍藏啊!有一位男人的石雕像，叉开双腿，高举两只胳膊，高高地站立在其他雕像之上。岛上长耳人的后裔解释道，这一尊雕像是洞穴的首脑，是一位古老的国王。

海克达尔率领的科学考察队在复活节岛上待了将近一年，以大量的第一手资料证明了人们所熟知的巨大石雕像仅属于复活节岛第二历史时期的产物，而复活节岛第一历史时期的雕刻匠们与南美古秘鲁有着不可分割的联系。这一发现，在人类学上有划时代的意义。

鸟岛上的故事

鸟岛的形成虽然是个传说，但青海湖上确实有一个鸟岛。

鸟岛的总面积不大，全长500米，宽150米。不大的鸟岛每年春天都挤满了小鸟，它们当中有百灵、斑头雁、鱼鸥、棕鸥、鸬鹚等。据不完全统计，每年进岛的鸟儿总数在10万只以上。这个时候，如果它们集体高飞，真是遮天蔽日，景象十分壮观。

初夏时节，你如果有幸去鸟岛，一定会惊得目瞪口呆。只见满岛都是鸟蛋，各种各样颜色的，有海蓝色的、灰褐色的、桔红色的、白色的；各种各样形状的，有椭圆的、圆的；大的足有半斤重，小的只有枣核大。

密集的鸟蛋铺满鸟岛的每一寸土地，你根本别想在其中插足。

每只鸟都十分珍爱鸟蛋，它们像我们人类平时保护眼睛一样严密保护着它们的"后代"。夜里，无论天气多么恶劣，它们一定有专门的"警卫"负责看管鸟蛋，以防"不法分子"前来偷盗。

据说有一次，岸上的一只狐狸动了"邪念"。它太想吃岛上的鸟蛋了。于是乘着夜黑鸟静之时，偷偷跳上流动的冰块，然后用尾巴当桨，划到岛边。然而，它的行动很快就被警惕的鸟"警卫"发现了，它立即长鸣报警，引来无数只鸟。

这些被激怒的鸟儿群起而攻之，不仅围在狐狸身边边叫边扑扇着翅膀，而且还有一群鸟儿在狐狸的上空，对准狐狸又撒尿、又拉屎，更有鸟儿干脆冲到狐狸身上，用嘴啄、用爪抓。

这只可怜的狐狸只是一时贪吃，却不知因此而丧了命。

孤岛上的袋獾园

澳大利亚东南的塔斯马尼亚岛人迹罕至，在那里袋獾被称作"塔斯马尼亚恶魔"。

目前，在这个孤岛上，灌木林中已无法观察到"恶魔"的生活习性和捕杀本领了，因为这种野兽在岛上的数量并不多，早些年已被文明的人类消灭得差不多了。如果你想跑到丛林中去等待它，那无疑是"守株待兔"，不知何年何月才能看得到。

后来，这里建立起一个"塔斯马尼亚袋獾园"，如果你去那里走一遭，到这个国家保护园中去还能看到这种"丑兽"。

"塔斯马尼亚袋獾园"是一个周围约100平方公里的袋獾保护区，四周都有铁丝网围着。进门不远，考察者看到，在一片围有铁栅栏的有斜坡的地上有一对袋獾。它们不声不响地蹲伏在一棵大树底下，用一种邪恶而凶狠的目光瞪视着周围的参观者。你（观察者）很远就能闻到它们身上散发出来的一股恶臭味。

粗粗一看，袋獾有些像幼熊或小狼。它们身躯矮胖，满身都长着漆黑的粗毛，胸部和臀部还夹杂着些许白色斑点。然而凑近仔细一看，才发觉它们什么都不像，几乎是集丑陋之大成，把几种动物最丑的部分都集中到了自己身上。

当考察者对着这对丑兽发愣时，一位热心肠的管理人员介绍说："长大的雄性袋獾身长约1米，重10千克左右，雌性的稍小。它们的头又阔又大，还长着一对血盆大口，口中的牙齿有42颗(猫只有30颗)之多。它是一种很灵敏的动物，稍一受惊就会摆出一副张牙舞爪的姿势。袋獾的耳朵特别大，可眼睛却小得可怜。它的下颌长着一小撮粗糙的胡须，身躯肥胖得像头肉猪，四条腿长得很短，因此跑路时总是有些东倒西歪的样子。"

袋獾是一种非常懒惰和残忍的动物，在一般情况下，它是以吃腐尸为生的，可是如果有些不知好歹的动物送上门来的话，它也会对它们发动突然袭击。它的牙齿很厉害，能把牛羊的骨头、皮、角和蹄等一股脑儿都吞下去。有时，它们会三五成群地出来觅食，每当发现了一具腐尸，它们便会相互撕杀起来，食物还没有到口，彼此间已咬得不可开交了。

袋獾之所以成为澳大利亚的珍贵动物，主要就在于它的腹部长了两个浅浅的育儿袋。由于育儿袋浅，袋中的小袋獾长大后，便常常掉出袋外来，而雌袋獾是一种"出袋不认账"的动物，小袋獾一掉下来，她就会迫不及待地把它们吃掉。所以，袋獾的生殖能力虽强，可是幼仔生存下来的机会却极少。如果它的育儿袋再长半英寸的话，那么人类对待它们大概不会比对待狼好多少。

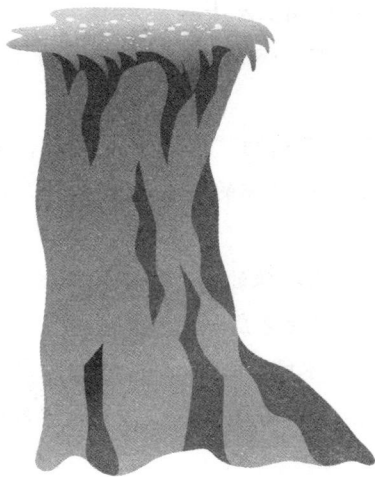

猫岛的故事

1890年的一天，一艘货船在印度洋上的一个叫"弗拉德若斯特"的小岛附近触礁沉没，船上的数名水手在大洋里漂泊了几天，终于漂到了弗拉德若斯特岛。

你肯定想不到，随他们一起来到这个岛的还有几只小猫。它们和它们的主人一样，顽强地挺过了没有吃喝的漂泊生活。

从此，水手们和他们的猫们在岛上以捕鱼、捡鸟蛋、捉小虫为生，苦苦盼望着有人来救他们，但日复一日、年复一年，始终没有一艘船经过该岛。终于，水手们在绝望中相继死去。

小岛虽然再次失去人烟，但猫却奇迹般地生存了下来，并且一代又一代地繁衍着。

于是，这座孤岛便成了猫的"天下"。据说，到此为止，岛上共有猫1000只左右，原先没有一只猫的弗拉德若斯特岛成为名副其实的"猫岛"。

特殊的环境也给了猫们特殊的本领，猫岛上的猫与普通猫不同，它们很少能捕到老鼠，因为岛上的老鼠本就不多。

像人类靠山吃山、靠水吃水一样，猫们也充分利用了接近海洋的优势，平时以捕鱼、捉蟹、猎取海洋软体动物和海胆为生。

"平顶海山"的形成

太平洋的中部至西部，即夏威夷群岛、加罗林群岛、马绍尔群岛和斐济群岛一带的深海底，有一座座奇异的海山。它们的顶部好像是被截掉了一样，都是平平的，所以被称为"平顶海山"。20世纪40年代，美国海洋地质学家赫斯对这种现象进行了较系统的研究。为纪念他的老师普林斯顿大学地质系教授罗尔德·盖奥特，他把平顶海山命名为"盖奥特"，并著文阐述了平顶海山的特征。

这种海山除太平洋外，在大西洋和印度洋中也有存在。它们有的孤独地耸立于海底，有的成群出现。平顶海山的顶部为圆形或椭圆形，直径一般从几百米至二三十公里，顶部离海面最浅为400米，最深为2000米，平均1300米。赫斯认为，平顶海山是沉没了的岛屿，就像传说中沉没的大西岛一样。但为什么它们的顶部这样平坦呢？赫斯当时无法说明。

后来，科研人员从平顶海山的顶部打捞到呈圆形的玄武岩块，这表明它们是火山的原有形状。因而，有些科学家认为，它们可能是一座座海底火山，顶部是火山口，被火山灰等物质填平了，所以呈现平顶。根据表面年龄测定，它们形成于距今1亿年至2500万年之间的火山大量喷发时期，这就给上述推论提供了一个依据。

20世纪50年代，有人从太平洋西南的凯盖—约翰平顶海山的顶部打捞到了6种造礁珊瑚、厚壳蛤以及层孔虫等生物化石，以后在太平洋中部又有类似的发现，这表明平顶海山的顶部过去有过珊瑚礁发育。

造礁珊瑚要求生活在有光照的水体里，因而其生存的最大水深在50米左右。据此推断，曾经有一段时间，平顶海山顶部的水深不超过50米。由于此时的海山顶部离海面较近，风浪就有可能将其削平，并在其上发育造礁珊瑚。

以后，海底山下沉，沉到水深400米以下的地方，所以平顶海山就残留着以前发育的造礁珊瑚和其他喜礁珊瑚。但美国学者德利提出，海底火山不一定发生过上升和下沉，而是在天气寒冷的冰川时期，海平面大幅度下降，使海底火山的顶部露出海面被风浪削去。但天气能否冷到使海平面下降几百米以至2000米，目前还没有找到可靠的证据。何况，有些平顶海山的顶部宽达40-50公里，说它是被风浪削平的似乎难以使人相信。

现代著名的海洋地质学家孟纳德认为，太平洋中的平顶海山都位于一片原来隆起的地壳上，他称之为"达尔文隆起"。这些隆起的许多海山，其顶部接近海面，就被风浪削平了，后来整个隆起下沉，便形成了今日的平顶海山。

由于深海调查资料比较缺乏，所以人们对深海中奇特的平顶海山的真面貌还了解不多，已经提出的各种说法还缺乏说服力，"盖奥特"还有待于科学家们进一步研究。

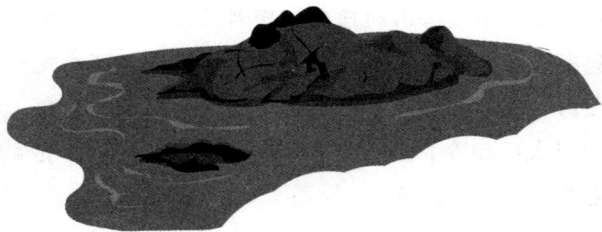

东山岛上"风动石"

东山岛位于闽南与广东省交界处，是福建省的一个大岛，其中以风动石最著名，另尚有石斋、苏峰山、屿嵝山、庙山等自然风景及八尺门、西山岩、关帝庙、郑成功水寨山故址、黄道周故里、铜山古城等历史古迹。

风动石之景在我国已有多处，尤以闽南东山岛屿嵝山东麓的铜山风动石最著名。巨石临海，摇摇欲坠，宽4.57米，长4.69米，高4.37米，重达200余吨。其形似玉兔蹲伏石上，上小下宽，座是圆弧形，贴石盘处，其尖端仅数寸。如一滚珠，大风一来，悬空斜立，左右晃动。一人用力推之，就可将如此巨石弄个左摇右晃，堪称奇观。古人誉之"天下第一奇石"。

东山岛风动石上刻有明末贤士黄道周、陈瑸、陈士奇三位姓名，因而就称为"三忠石"。黄道周是众人熟知的民族英雄，其余二位都是其学生，两人皆中进士，死于战难。风动石就在黄道周故里门前。据传，黄道周诞生前夕，其母梦风动石倒入怀中，感应而得子。那年风动石旁乃生出一枝荔枝，多年以后，黄道周进学时，适逢此树结果，荔枝甘美芳香，因命名为"翰墨香"，是闽中荔枝优良品种之一。

苏峰山位于东山岛的东部，海拔427米，濒临大海，兼山海之胜景。每当山雨欲来、海风呼啸之日，云遮雾绕，故称"苏山戴笠"，是一胜景。山腰有苏峰岩庙，系清代张博山所建。山下多洞，其中"美小娘洞"地处海岸，为一海蚀奇洞，可听潮音涛声；另一"水仙童沃"为一山泉，潺潺流水，终年不涸。

屿嵝山状如雄狮，耸立在铜陵镇上。山上多名景与题刻，古称"天池胜景"，为东山一景。题刻很多，均具较大的书法文物价值。

"虎崆滴玉"是东门外海边一天然石洞，洞长15米，宽约4-5米，可容数十人，据传曾有猛虎踞于洞穴中，故名"虎崆"。洞内有石凳、石桌，且有清泉一泓，泉水甘甜清冽，大旱不干，犹如珠玉滴落，故得"滴玉"之名。

八尺门位于东山岛西北部，原为一长600多米、深达20余米的渡口。水深流急，暗礁密布，地势险要，历来为兵家必争之地。唐时陈元光率兵开拓闽南，把中原文化与技术传入东山岛，此渡始称"陈平渡"。明初防倭设立"陈平渡把截所"。清初郑成功曾屯兵于此。清朝为断绝东山岛百姓与郑成功的联系，在此修筑一条高达8尺、厚4尺的墙界，所以又名"八尺门"。现已建有石桥与渡槽，进出甚为方便。

铜山古城，即铜陵镇。明洪武二十年即1378年，为抵御倭寇入侵，明太祖时江夏侯周德兴，在东山岛先择险要地点，征调漳浦、平和、云霄等县民工，临海砌石，环山建城，设置水寨，并取铜钵村和东山村各一字，取名为"铜山"。

城墙用花岗岩砌成，东、南、西、北各有一城门，西、南二处有城楼。铜山水寨有福船、哨船、冬船40多艘，有1000多名驻兵。它与福宁的峰火、连江的水亭、兴代的南日、泉州的浯屿，并列为全闽五大水寨。后来，戚继光于嘉靖二十二年即1543年，率领义乌兵入闽剿倭，在铜山设立浙兵营，把倭寇全部消灭。崇祯六年即1633年，铜山军民配合巡按路振飞、大师徐一鸣，在海上连续两次大败荷兰帝国东印舰队。隆武二年即1646年，郑成功以铜山为抗清据点之一，训练水师，东征收复台湾。

车牛山岛听鸟鸣

在南黄海的海湾处，有个名不见经传的小岛，因在它的旁边还伴随着前后相接的两个小岛，其状如一牛一车。海浪在"牛"肚"车"腹激起阵阵水花时，犹如水牛拉着大车在海上泅渡，故得名车牛山岛。

车牛山岛面积甚小，只有0.058平方公里，远远望去，好像是一个海上巨型盆景，浮现在黄海的波浪里。岛屿虽小而栖息在岛上的鸟类却颇多，人称黄海鸟岛。

环岛而行，真如置身在一个鸟的天然乐园之中，又如在参观一个鸟类博物馆。飞鸟之多，目不暇接。一般游人可随处见到娴静高雅的天鹅，翩翩起舞的仙鹤，歌喉婉转的画眉，以及叽叽喳喳的八哥。

如进一步探究，还可发现许多珍稀奇异的鸟类，如据说会变黄、红、灰三种颜色的三彩鸟，机灵的红尾伯劳鸟，美丽的黄莺、柳莺，笨拙的扁嘴海雀，可爱的黄翡翠，崖上筑巢的黑尾鸥，乘风展翅的灰椋鸟及黑头蜡嘴的军舰鸟等等。

据鸟类专家鉴定，车牛山岛上已发现的鸟类共有20目、10科、128种，其中属于《中国候鸟保护协定》规定保护范围之内的就有50多种，包括了世上十分罕见的潜鸟、灰灌鹤等。

车年山岛鸟的历史，已经十分悠久，据《禹贡·曾氏注》中记载："羽山之谷，雉具五色。"羽山即今云台山，车牛山岛是云台山延伸至黄海海洲湾中的小岛。上古时期，车牛山岛便盛产羽毛，并有鸟之古国之称。

车牛山岛，何缘会成为鸟之王国？这主要是为其特殊的地理位置所决定的。

车牛山岛位于干温带与北亚热带的过渡地带。由于受到海洋性气候及东南季风的影响，岛上温暖湿润，林木葱茏，花果飘香；加上海州湾是著名的渔场，车牛山上又有各种昆虫的大量存在；这一切为鸟类的栖息、繁衍提供了十分有利的条件。

海州湾地处渤海、黄海、东海之中间部位，为候鸟迁徙之海上必经之绎站。由于长期远隔陆地，鲜为人知，自然生态环境十分优越，所以在这弹丸之地的车牛山岛生长了数量品种众多的鸟类，成为名副其实的鸟岛。

时常呼啸的海风，加上含有海水咸味的湿润空气与雨雾，使得车牛山岛显得朦朦胧胧的。车牛山岛上树木十分稀少。只有在金秋时节，漫山遍野盛开的野菊花，把车牛山岛染成一片金黄，镶嵌在碧蓝的大海上，景致特别迷人。

普陀山上海蚀洞

在洪波浩渺的东海海面上，有一座被白浪烘托的"海上仙境"，那就是"万顷风云浮碧玉，孤插苍溟小白华"的普陀山。

普陀山是浙江省舟山群岛中的一个小岛，西距舟山本岛约2海里。其南北长约6公里，东西宽约3公里，南北狭长，面积约12.5平方公里，最高峰佛顶山，海拔约300米。普陀山虽不高也不大，但风景秀美，可与山东之"蓬莱仙境"相媲美；佛教之盛，可与四川峨眉山等齐名，为全国著名的四大佛山之一。

至宋朝，佛教在我国甚为盛行，而明清之交时，荷兰殖民者侵占普陀山，几度炮火，致使胜迹颓败。清代时，这里重建有三寺、八十八庵，另处还有128座小型寺庙。普陀山遂成了海天佛国。

普陀山的自然风景绚丽多姿。佛顶山云雾缭绕，妙应诸峰，拾级而上，如登云梯，俯视沧海，心旷神怡。锦屏山巍若屏障，白葩丹蕊，四时开放，掩映如锦。雪浪山双十峰对峙，白石闪烁，犹如积雪。洛迦山孤悬独峙，洞壑幽深，吐纳烟霞，神奇变幻。山上林木葱茏，奇石怪岩遍布；海边金沙海滩，礁石嶙峋突兀。这里气候宜人，四季分明，加上多姿多彩的自然山海景色，自唐宋以来，吸引了无数名人学士、佛门弟子、四海游人前来观光。宋代大文学家苏东坡、王安石都曾作诗，赞咏普陀山的景色。

普陀山的风景名胜很多，令人目不暇接。这里专门介绍一下海岛上的几个洞。

在普陀山沿海的海岸悬崖上，发育了不少海蚀洞地貌。它们是在海浪的长期冲击下形成的。这样较大的海蚀洞在普陀山有三个，它们是潮音洞、梵音洞和朝阳洞。

　　"两洞潮音"是普陀山一大胜迹，两洞指的是位于岛屿东南部的潮音洞和东部的梵音洞。"静坐听潮音，引颈看海蜃。"潮音常可听到，海市蜃楼却难碰见。

　　潮音洞是一个巨大的海蚀洞，深达20余丈，潮水奔腾入洞，声若惊雷。在洞顶的山石上，有一孔穴，谓之天窗，可以看见洞底。佛徒说观音大士常在此现身，洞顶石上镌有"现身处"三字，游人来此既可观赏洞景，又可听一听"空穴来音"。

　　梵音洞位于青鼓垒东端，两壁陡峭，高近百米。每当潮水袭来，就会出现"水势奔腾峭壁开，半空雪浪似鸣雷"的壮丽情景。平时，洞内雾霭茫茫，幽泉滴滴。在风和日丽的上午，水雾阵阵，在阳光的照射下，可以折射成五彩霓虹，若隐若现。有人说还能映出远处景物，变幻莫测，故就有了"观音显圣"之说。

　　不过，去两洞静听潮水声音，已足以使人心满意足。若有运气一睹海市蜃楼奇观的，那真是令人终生难忘了。众所周知，在我国沿海各地，数蓬莱一带海岸上最有可能见到海市蜃楼，其他地方十分少见。据报道："1981年4月28日下午，海上风平浪静，在风景胜地百步沙一带游玩者，突然看见普陀山东面的梵音洞上空，云海茫茫，从中涌现出朵朵五色瑞云。彩云中，缓缓现出一座琉璃黄墙巍峨雄壮的千年古刹。"海市蜃楼是由于光线经过几层不同密度的气层而形成的一种自然奇观，一般多出现在春夏两季午后傍晚之际，海面风平浪微之时。

　　朝阳洞位于潮音洞和梵音洞之间的一个小岬角上，穴口向阳，里面则漆黑无光。由此观赏日出，十分壮观，只见一轮红日如巨车神轮，冉冉上升，腾出海面，努力爬上天空。朝阳洞之名也许是由此而来吧。

　　普陀山上奇石怪岩，千姿百态，或似动物，或驰或步，或仰或卧，妙趣横生。著名的石景有盘陀石、二龟听法石等。

　　盘陀石在岛的西南部，两石相累如盘，上石如一巨台，下石顶部稍尖，紧紧托住上石，上广下锐，险若欲坠，却稳如泰山，人称"天下第一石"。盘陀石顶部平坦，纵横30余米，可容百人，游人可拾级而上，在这里观赏海景。

　　二龟听法石，离盘陀石不远，是为两块巨大的山石，状如二只乌龟。

一石似龟蹲伏岩顶，回首观望；一石如龟昂首伸颈，缘石而上；两龟一前一后，形象生动可爱。因此，民间便创造了当年东海、西海两龟丞相，听了观音说法，不肯回海，后经观音点化而成正果的神话故事。

在岛的北部山上，还有一块云扶石，高耸云表，危而不坠，下面的巨石上刻有"海天佛国"四个大字，几乎成为普陀山的标志了。

◎ 自然山色 ◎

大自然是神奇的，形形色色的壮丽山岳就是她天成地就的造物。

"巧夺天工"是人类对自身改造河山能力的夸耀。然而，自然的或许就是最美的，让我们与自然和谐相处，继续保持她的天生丽质吧……

世界屋脊第一峰

珠穆朗玛峰海拔8848.13米，以世界第一高峰的雄伟风姿，屹立在中尼边境的喜马拉雅山脉的中段，附近耸峙着洛子峰、南迦帕尔巴特峰等6座8000米以上的姊妹峰。喜马拉雅山脉成为世界上高峰簇拥、地势最高的地方。

早在1717年，清政府派出测量人员在珠峰地区测绘地图，就发现了它是世界上最高的山峰，并在地图中精确地标出了它的位置。

珠穆朗玛峰被称为世界第三极，它的海拔高度举世无双，远在200公里之外，人们就能看到它那形如金字塔似的巍峨峰顶，峰坡上悬挂着一条条绚丽多姿的冰川。在这一片无人的世界中，珠峰充满了神奇莫测的奥秘，吸引了多少勇敢的探险家、登山家和科学家。

从1921年至1939年间，英国先后8次派出登山队从我国西藏的北坡攀登珠峰，最后均告失败。1953年，尼泊尔和新西兰两位登山家首次从尼泊尔境内的南坡登上了珠峰。

珠穆朗玛峰顶部气候常会骤变，空气极为稀薄，含氧量仅为平原地区的四分之一，气温常在零下30-40摄氏度。从北坡登山比南坡更为艰难。但是我国登山队的三位英雄，终于在1960年5月25日从北坡登上了珠峰，写下了世界登山史上史无前例的一页。1975年5月27日，我国6位男登山队员和1位女登山队员先后两次从北坡登上珠峰，使中华人民共和国的五星红旗在世界最高峰上高高飘扬。

从西藏首府拉萨到达日喀则，再到小城拉孜，向南翻过5000多米高处的绒布寺，到达这座世界上海拔最高的寺庙，这里是登山队的大本营。从这里登山，到达5400米高处，已是一片白雪皑皑的银色世界，一条条巨大的冰川覆盖着山坡，在阳光下晶莹闪光，呈现出美丽的蔚蓝色，耀人目眩。

在中绒布冰川中，有一处罕见的冰塔群：一座座冰塔耸立，有的巨大似高楼，有的纤细如柱子，有的精巧的像冰帘、冰桌、冰笋、冰蘑菇，琳琅满目，绚丽夺目，真如走进一个神奇的童话世界。这种独特冰塔景观是因为强烈的阳光照射产生冰面的差别消融所形成的。阳光照射不到的一侧，冰川消融得慢，形成了千姿百态的冰塔；阳光照射强烈的地方，则形成冰塔之间的深沟，这些大自然精工巧作的冰塔林，从5700米处一直到6000多米处，真可谓是难得一见的天然冰雕艺术宫。

继续向上，则到达北坡的险处之一——北坳天险。北坳高差400多米，坡度陡峭，明的和暗的冰裂缝纵横交错，布满了整个陡坡，极容易发生冰崩与雪崩。当冰崩发生时，上百吨重的大冰块从陡坡上跌落，刹时间轰鸣如雷，漫天雪飞。1923年，7个英国登山队员就在此丧命，因而这里被称为连飞鸟也难以越过的天险。

第二台阶是通往峰顶的最后一道天险，这里的坡度竟达60-70度，由于空气稀薄，登山运动员每爬一步，都要付出极大的体力，要有极其坚强的毅力。在7450米的高度上，白皑皑的冰雪不见了，这是因为强劲的高空风使冰雪无法积存。珠峰裸露出风化严重的岩石，结构很松散，稍不注意，散石会下坠。一块小小的坠石，甚至会在山坡引起一场剧烈的雪崩。当勇攀世界顶峰的登山队员跨上珠峰之巅的时候，可以看到这世界的屋脊是一条西北—东南走向的鱼脊形状的地带，宽不过1米，长10余米，脚下是连绵起伏的群山雪峰，如同一片凝固的大海，远眺云海茫茫直连天际。天气晴朗时，视野可达360公里以内的范围。

1975年5月27日北京时间14时30分，勇敢的中国登山队把写有"中华人民共和国登山队"字样的3米高的红色金属测量觇标牢牢地树在峰顶上，使鲜艳的五星红旗飘扬在这地球之巅。

我国的青藏高原在6亿年前还是一大片广阔的海洋。当时远在南半球海洋中的印度板块不断地向北飘移，古海的面积逐渐缩小。到4000万年前至3000万年前时，印度板块开始俯冲到亚欧板块之下，使青藏高原迅速地抬升，喜马拉雅山脉强烈地隆起，珠穆朗玛峰随之也耸立于地球之巅。喜马拉雅山脉是世界上最年轻的山脉，而且上升的趋势越来越快。据科学家估计，大约在1000万年前，每万年上升不到0.5米；在50万年前，每万年上升达20多米；在最近12000年以来，竟上升了300多米。目前，珠峰还在不断上升之中，它将永远占据世界顶巅的桂冠！

江劈巫山生奇峡

　　长江浩浩荡荡地流过四川盆地，以锐不可挡的气势，劈开巫山的崇山峻岭，穿行在著名的三峡之中，滔滔东流。长江三峡堪称中国山水风光一绝。

　　三峡风光，以山色水景相衬。在三峡中坐船观赏巫山雄姿，如同一幅流动的天然山水图画，令人目酣神醉。

　　三峡是瞿塘峡、巫峡和西陵峡的总称，西起四川奉节白帝城，东至湖北宜昌南津关，全长192公里，两岸巫山雄伟险峻，峡谷幽深奇丽。三峡之美，在于"雄、险、奇、幽"四字，无一处不能入诗，无一处不能入画。

　　瞿塘峡口的白帝城坐落在离江面200多米高的山峦之上。远望可见山顶绿荫中的白帝庙，庙中供奉刘备、诸葛亮、关羽、张飞塑像，传说这里是刘备托孤的地方。白帝城号称诗城，曾吸引了许多诗人墨客吟诗作赋。李白就在此写下了"朝辞白帝彩云间，千里江陵一日还。两岸猿声啼不住，轻舟已过万重山"的千古绝唱。

　　瞿塘峡的入口处叫夔门，两岸山峰陡峭如壁，高1000多米，拔地而起，恰似天造地设的两扇大门，把水势浩大的长江约束成不到百米宽的一股汹涌激流，造成"众水会涪万，瞿塘争一门"的雄伟气势。

　　夔门北岸叫赤甲山，山岩略显红色，南岸称白盐山，岩壁稍呈灰白。一个红妆，一个素裹，相映成趣。进峡仰望蓝天一线。沿岸峭壁上有一条长20公里、宽度不一的纤道，自古以来逆流而上的船只，非得纤夫艰难背纤才能前进。

　　绝壁之上，还可见一排排整齐的方孔，这是古栈道的遗迹。这些栈道是在方孔中插入木桩，上铺木板，供人行走的。真是蜀道难，难于上青天！

绝壁高处的断岩裂缝里可见有类似风箱状的东西，传说这是鲁班用的风箱。1971年有两位采药工冒着生命危险登上风箱处，才发现这是古代巴国的棺木，内藏有不少珍贵文物。

这种奇特的"悬棺"，当时是如何安葬在这上不沾天、下不着地的绝壁之上的，至今还是一个难解的谜。

瞿塘迤逦尽，巫峡峥嵘起。长江出了瞿塘峡，过了山势稍见平坦的大宁河宽谷以后，在巫山县境内进入画廊般的巫峡。巫峡长45公里，以幽深秀丽著称。船行至巫峡内，河道迂回曲折，时见大山挡道疑无路，忽又峰回路转别有天。

两岸山高峰多，云雾缭绕，著名的巫山十二峰在茫茫云海之中时隐时现，变幻无穷。巫山十二峰坐落在南北两岸，北有登龙、圣泉、朝云、神女、松峦、集仙；南有净坛、起云、飞凤、上升、翠屏、聚鹤。其中最得人青睐的是亭亭玉立的神女峰。

巫峡之内，山高谷深，经常云腾雾聚。那棉絮般的云彩，似烟非烟，似雨非雨，终日缭绕在巫山十二峰之上，神女峰在云雾之中时隐时现，更增虚幻神奇的迷人色彩。

巫峡中有金盔银甲峡和铁棺峡等奇观。在碚石和万流两个小镇之间，有一条叫鳊鱼溪的小河注入长江，这就是川鄂两省的界河。河边岩壁上刻有"楚蜀鸿沟"四个大字。郭沫若在过巫峡的诗中写的"群壑奔荆楚，一溪定界边。船头已入鄂，船尾尚留川"，就生动地描绘了此处的情状。

西陵峡两岸危崖耸立，时有山岩崩落倒塌。有些岩壁向岩边伸出，形成险滩，江流冲刷在险滩之处，水流如沸，泡旋翻滚，汹涌激荡，惊险万状。

西陵峡两岸的石灰岩山壁之上，有二百多个奇特的溶洞。灯影峡北岸的黄颡洞，洞深无底，洞中有暗河，传说可通当阳甘泉寺。著名的三游洞在三峡山口处南津关附近。相传白居易和其弟白行简以及元稹在此不期而遇，三人相约游洞，并作诗20首，书于石壁。一百多年后。苏洵、苏轼、苏辙父子三人也同游三游洞，各刻一首诗于洞壁之上。因此，三游洞名声大振，成为著名的旅游景点。

南津关是西陵峡的终点，它和瞿塘峡的夔门是三峡首尾的天然门户。南津关两岸绝壁耸天，江面狭窄如一细颈瓶口，锁住了滔滔大江。此处地势险要，历来为兵家必争之地。长江一出南津关，两岸山势坦荡，江面骤然展开，关口内外迥然不同的景色，往往使人惊叹不已。

三峡风光，使人心旷神怡，那湍急的江流，令人目眩神迷，更有那巫山十二峰，使人陶醉。三峡真不愧为神州大地上的一颗璀璨明珠。

如今，跨世纪的三峡工程改变了三峡的部分地貌，出现在人们面前的将是"天工人造"、天作之合的另一番景象……

桂林山水甲天下

　　桂林山水是祖国大地上一颗璀璨的明珠，曾倾倒了四海游人、五洲嘉宾。早在两千多年前，秦始皇为了统一中国，进兵岭南，在桂林以北的湘江和漓江之间开挖了中国历史上最早的运河之一——灵渠，作为运送军粮的水道。此后，桂林成为南连海域、北达中原的重镇，至今是我国历史文化名城之一。历史上众多的文人墨客南来北往经过此地，无不被奇山异水所迷恋。桂林山水甲天下，成了来此游览的所有国内外游客的共同心声。

　　桂林地处我国石灰岩地区。这里沉积了三千为至五千米厚的石灰岩。石灰岩容易被流水所溶蚀。亿万年来激烈的地壳运动造成了纵横交错的断裂，加上此地气候炎热多雨，使石灰岩的溶蚀加快了速度，形成了典型的岩溶地貌。如此大面积的典型的岩溶地貌，在世界上也是罕见的。在桂林，众峰大多在100米以下，但都是平地崛然特立，如玉笋瑶簪。这些奇特秀丽的峰林都是尖峭陡立，花茂树繁，挺拔俏丽，形态万千。而且山中多溶洞，洞内石笋、石钟乳、石幔、石花等组成奇异迷人的景致，如同走进一个神话世界。这里不仅平地涌千峰，而且碧水如带，漓江宛如玉带缠绕于群峰之间，使人进入"青峰倒影山浮水"的诗情画意之中。桂林市区内有200多座山峰。座座秀美异常，尤以独秀峰、叠彩山最为著名。

　　独秀峰位于桂林市中心的王城之中。王城是明代靖王朱守谦的府第，建于1393年，周长1.5公里。独秀峰凝秀独出，颇与众山远，有"南天一柱"之称。登山共有306级石阶，站立山顶，桂林全城景色可一目了然。独秀峰上的"颜公读书岩"是南朝时桂林太守颜延之读书之处。山北有独秀泉，泉下有月牙池，池畔曲栏水榭，为桂林四大名池之一。山上还有很多唐朝以来的石刻。独秀峰历来为人们所称颂。

　　叠彩山在市区北部，因岩层都成水平状，石纹横布，如锦缎堆叠，故而得名，又因山上多桂树，又称桂山。山上有仰止堂、叠彩楼、望江亭等

名山异洞

名胜。半山腰中有一葫芦状的风洞。中间狭如拱门，仅能过人，前后宽敞如厅，四季均有清风习习，盛夏季节尤其使人感到舒适，是叠彩山上最奇特之处。山上可以四望山水美景如画。古人称此山为"江山会景处"，意思是风景荟萃之处。山上还有80余尊唐宋时代的摩崖石刻造像，是十分珍贵的文物。

　　大自然的鬼斧神工，造就了桂林溶洞的姿容万千，奇妙无比。仅市区内就有300多处，连同阳朔一线在内，已发现溶洞2000多处。七星岩和芦笛岩是最著名的两洞。

　　七星岩在漓江以东的七星山公园内，共有七峰并峙，如北斗七星。北四峰如同斗魁，叫普陀山，南三峰好像斗柄，叫月牙山。公园入口处有一座花桥初建于宋代，原为五孔，跨江而立，明朝时改成七孔旱桥。春夏之际，花团锦簇，映衬桥身，是桂林著名的古建筑之一。七星岩位于普陀山腰，洞内深邃广阔，可容万人，是桂林最大的溶洞。它全长800多米，最高处27米，最宽处43米，有上、中、下三层，原来都曾是地下水的河道，由于地壳三次上升而成为三层溶洞，现在下层洞内还有地下河流过。洞内气温常年保持在20摄氏度左右，是冬暖夏凉的洞天福地。洞中布满了神奇瑰丽的石钟乳。这些石钟乳组成各种景物，有悬石鲤鱼、白玉长廊、仙人晒网、大象卷鼻、狮子戏球等，无不惟妙惟肖。走进洞中如同走进一个奇异的世界，令人目不暇接。

　　七星岩气势宏大，而芦笛岩则玲珑剔透。芦笛岩洞深240米，游程达500米。洞内的石钟乳、石笋、石瀑布等神奇多姿，如同一位大自然雕塑家的艺术展览。走进这个艺术宫殿，狮岭朝霞、盘龙宝塔、云台揽胜等迷人景致，在各种彩灯辉映下，形态离奇，变幻莫测。洞内还有唐代以来纪游的石刻77处，可以证实早在1100多年前人们就发现了这个著名的洞景。漓江曲折盘旋流过千峰万壑之间，江水清澈见底，青峰倒映，两岸田园风光似锦。最先可见到的是象鼻山，酷似一头巨象正在伸鼻汲水。象鼻与象身之间一个巨大的拱洞，称为水月洞。每当皓月当空，看江面浮光跃金，真是奇绝之景。

　　象鼻山对岸的穿山上有南北穿透的岩洞，隔江而立的斗鸡山，如两只振翅欲斗的雄鸡。来到有名的画山，但见巨壁陡立，石壁上的石纹浓淡相间，远看如群马飞奔，姿态各异。自古以来人们都数不清有多少匹骏马。

从画山顺水而下到黄布滩，七座秀丽的山峰像七位亭亭玉立的仙女倒映在碧水之中，使得真山和影山难以分清，故有"船在青山顶上行"的说法。过了兴坪古镇、螺蛳山、酒壶山等处后，漓江更加曲折，环峰千峰，峰峰如含苞欲放的莲花浮于水面，不远即为美丽的阳朔了。

阳朔的碧莲峰形似一朵含苞待放的莲花，山上树木葱茏，江中波光翠影，秀美无比。登上碧莲峰上依山面江而筑的迎江阁，临窗观景，真是每一窗口都能看到一幅秀美的图画……与碧莲峰遥遥相对的书童山，酷似一位古代的书童捧书而立，俊逸清秀，形态逼真。桂林是一幅美妙无比的画卷，是中国大地上的一颗明珠。这一大自然的杰作，任何人身临其境都必然会陶醉其中，其乐无穷。

"滇池卧美人"——西山

我国西南边陲的春城昆明，坐落在云贵高原上，海拔近2000米，终年温暖如春，四季百花飘香。

昆明的名胜古迹众多，最为著名的还数滇池和西山。这一风景区位于城西南约15公里处。滇池广袤达300多平方公里，是一个因地层陷落而成的湖泊，而紧逼湖边的西山，则是因断层而耸峙在湖边的山脉，绵亘数十公里，最高峰太华山高出滇池水面470米，山壁陡立，气势雄伟，山借水色，水映山光，一起一落形成"苍崖万丈，绿水千寻，月印澄波，云横绝顶"的美景，堪称云南风光一绝。

西山诸峰的轮廓酷似一个仰卧湖边的青年女子，长发拖落在滇池之中，因而又称西山为"美人山"。

步入西山，只见泻涧飞泉，峰叠峦秀。全山仅罗汉峰一处山石嶙峋，其余均为茂密的树林所覆盖。踏级而上，沿途有许多寺观庙宇和摩崖石刻，真是步步胜境，处处入画。

沿山麓公路而上，先抵华亭寺。这是昆明最大的一座庙宇，始建于元朝。明末曾毁于兵火，清朝时又重修。继续往上至太华山下的太华寺，这一古刹也初建于元代，寺内殿堂依山势而建。在此眺望昆明城景和滇池烟波，已尽收眼底。

离太华寺不远有聂耳墓，人民音乐家聂耳享年仅24岁，却创作了大量脍炙人口的革命歌曲。后作为国歌的《义勇军进行曲》就出于这位年轻的革命作曲家之手。

从聂耳墓继续上山，可到达三清阁。从三清阁穿过刻有"别有洞天"四字的狭窄石道，至览海处，眼界豁然开朗。前行途中可见两个石室，前一石室内有太上老君石像，也叫老君殿；后一石室供奉送子观音石像，又称慈云洞。出慈云洞再上绝壁，又有一条凿石穿云、更见惊险奇峭的隧道。洞口刻有"华云洞"三字，洞内蜿蜒曲折，大处可容游人转身直立，小处只能低首弯腰行进。洞壁上开有石窗，可以俯瞰滇池风光。

出了华云洞，即到达天阁，石坊上的额题为"龙门"二字，凭栏眺望，浩瀚的滇池奔来眼底，令人心驰神往。一侧为峭壁万仞的罗光崖，直落千丈，另一侧可见苍苍莽莽的太华诸峰，云影天光。远望昆明城廓，历历在目。

登上西山龙门，风光无限好，正像一幅展示壮美风景的山水画。

庐山飞峙鄱阳湖

　　庐山具有"匡庐奇秀甲天下"的盛誉，雄峙于长江南岸、鄱阳湖畔，北距九江市附近。远望庐山，势如九天飞来，突立于长江中游坦荡的平原之上，气吞长江，影落鄱湖，重山叠岭。云雾时而缭绕其间，使得山形变幻莫测。

　　庐山在西汉时期司马迁的《史记》中就有记载。古代，人们坐船沿长江上下，或从鄱阳湖进出，都能一眼望见这座大山，因此历代文人名士纷纷前来探奇寻幽，留下歌颂庐山的诗词竟达几千首，使庐山不仅以风景奇秀著称，而且散发出浓郁的中国传统文化气息。

　　庐山平地拔起，四壁陡立。尤其在鄱阳湖畔仰视五老峰，悬崖万丈，令人望而生畏。顶峰嵯峨，酷似五个老人并肩而坐。

　　庐山是一座断块山，亿万年以来一直不断上升，而东侧则下陷为鄱阳湖。庐山上断裂纵横，峰谷相间，真是横看成岭侧成峰，远近高低各不同。在绝壁陡崖之上，悬挂了许多瀑布，最为著名的是山南秀峰的开先瀑，从香炉峰上叠落几百米，流至青玉峡，直奔龙潭。李白名诗："日照香炉生紫烟，遥看瀑布挂前川。飞流直下三千尺，疑是银河落九天"，更使开先瀑扬名于世。

　　盛暑的九江和南昌的气温常可高达37摄氏度，然而一到海拔1100多米的牯岭镇，却清风徐来，凉意袭人，气温与山下相差很大。当汽车"跃上葱茏四百旋"来到牯岭镇时，人们都惊异地发现山顶竟是峰缓谷宽，地势开阔坦荡，一座钟灵毓秀的小城出现在眼前……

　　从牯岭出发，沿着西谷往下行走不远，即可望见绿水盈盈的如琴湖。湖旁的牯牛岭倒影在湖中，活像一头嬉水的牯牛。湖边花径公园内遍地奇花异木，林深路幽，到处姹紫嫣红。

　　花径北侧是一个危岩壁立的深谷，谷内花团锦簇，名葩竞放，故称为锦绣谷。绝壁直落山麓，深谷之中常有云雾腾起。1980年修筑了一条上下曲折的几千级石阶的临崖小道，从天桥至仙人洞，一路风光奇险无比。仙人洞传说为吕洞宾修道成仙之处，周围有蟾蜍石、石松、佛手岩、一滴泉诸景。在仙人洞外凭栏远眺，只见绝壁危峰、千岩万壑，景色极为壮观。

从仙人洞西南而行，一路上可见御碑亭、圆佛殿、天池塔、天心台等古迹，至天殊台可以远望长江。从大天池沿石级蜿蜒而下可达龙首崖。只见一块巨石横卧于悬崖之上，上有劲松，下临深渊，如苍龙昂首。龙首崖下是庐山最大的深谷——石门涧。站在崖上只听得松涛阵阵和瀑布隆响，如万马奔腾，鼓角齐鸣，令人惊心动魄，是庐山最为惊险之处。

从牯岭出发沿东谷行走，两侧山腰树丛之间都筑有各种式样的别墅小楼。经过庐山大厦，可望见山上最大的人工湖——芦林湖，在这景色幽静的芦林湖畔，建有毛泽东同志在庐山居住的旧居，现改为庐山博物馆，供人参观游览。

站立在芦林湖畔的芦林大桥上远眺，峡谷深处有三宝树、乌龙潭、黄龙潭等名胜景点。继续向东即可到达闻名中外的庐山植物园，在这"绿色博物馆"中，浓荫如盖，百花争妍，满目翠绿，环境极为清幽。

含鄱口是五老峰和太乙峰之间的垭口，面临浩瀚的鄱阳湖，似有含吞湖水之势。在此放眼远望，波光岚影，气象万千。从含鄱口西可上五老峰，东可到达三叠泉。

庐山襟江带湖，水汽充沛，山上经常流云飘雾，全年雾日达192天。庐山云雾亦堪称一大胜景。人们在仙人洞处可见乱云飞渡，在含鄱口处可观赏瀑布云，龙首崖下有层层云梯，太乙峰上有云雾走廊，恍如身置仙境之中，真有"不识庐山真面目，只缘身在此山中"之感。

庐山胜景不仅遍及山上，而且遍布山麓。

秀峰位于庐山南麓，依倚着著名的香炉峰，群峦环翠，万木葱茏。走进峡谷，只闻哗哗流水声。开先瀑布奔泻而下，汇入青玉峡和龙潭之中。龙潭三面峭壁，岩壁上布满历代名人题刻，风景绝佳。

历史上来庐山隐居读书的文人士大夫很多，其中就有"不为五斗米折腰"的陶渊明。陶渊明在庐山南麓的虎爪崖下隐居二十多年，写成《桃花源记》等名篇。现有"醉石馆"一处古迹，是陶渊明经常醉卧之处。

山麓的归宗寺在玉帘泉下，是王羲之隐居练字之处。泉下的石镜溪中曾放养大群白鹅，传说王羲之在此练"鹅"字，旁边的水池即称为"洗墨池"。

在庐山东南山麓的五老峰下，还保留有我国最早的书院——白鹿洞书院。到了南唐升元时期，即公元937-943年，这里成为"庐山国学"，不少名士来此讲学。宋初正式扩建为书院，书院内外胜迹如林，殿堂楼榭、小桥亭台、牌额石坊均错落有致，布局得当。院外溪涧上有一巨石如床，溪流从石旁流过，溪旁古木参天，景色静谧优美。

庐山不仅是一幅展示壮美风景的山水画，而且以璀璨的文化名扬天下。

"黄山归来不看岳"

黄山位于皖南山区，古名黟山。传说轩辕黄帝在此得道升天，唐天宝年间由唐玄宗下令改名为黄山。

黄山自古以来享有盛名，但地处陆海不通的偏僻之地，山径艰难，所以能登上顶巅者寥寥无几。

明代地理学家徐霞客在遍游祖国名山之后，两度登临黄山，发出了"五岳归来不看山，黄山归来不看岳"的赞叹。他所说的赞语唤起了无数游历过黄山的人们的共鸣。黄山集雄、奇、幻、险于一体，以怪石、云海、奇松、温泉为四绝，具有泰岱之雄伟、华山之峻峭、衡岳之烟云、匡庐之飞瀑、雁荡之巧石，黄山无不兼而有之。而且黄山风光，至今人工雕琢痕迹很少，大多保持着毫不修饰的天然景色，真是有美皆备，无丽不臻，当之无愧地摘取了"中华第一奇山"的桂冠。

黄山雄踞在安徽歙县、太平、休宁和黟县之间。在这150多平方公里的地域，屹立着成群巍峨奇特的山峰，号称72峰。这些花岗岩体的群峰，经过千百万年来的冰川和风雨的侵蚀，像无数把锐利的刻刀将山体锉磨刮削，使36座大峰威武雄壮，36座小峰玲珑多姿，岩壁上布满了道道裂缝和皱褶，像大自然艺术家精雕细刻凿成的一样。峭岩绝壁、奇峰怪石，乃是黄山的风骨。三大主峰莲花、天都和光明顶的海拔均在1800米以上，冠盖群山。

黄山以光明顶以南为前山，崔巍峥嵘，以雄伟而撼人心灵；光明顶以北为后山，陡峭峻拔，以瑰丽而动之以情。

从山麓温泉沿前山登光明顶，一路上青山绿水，风景如画。在青鸾峰的岩壁上可以看到第四纪冰川的擦痕。立马桥上仰见"立马空东海，登高望太平"的大字石刻。在1240米高处的半山寺前，可以望见金鸡叫天门、老鹰抓鸡等巧石奇景。过天门坎，就到了三大主峰中最险峻的天都峰脚下了。

天都峰高1810米，是黄山第三高峰，拔地耸天，峻顶卓立。登山石级如同天梯开凿在陡七十多度的石壁上，长三华里，旁有石栏铁索，须小心攀扶而上。石级之上还有一段长十几米、宽不过一米的狭长光滑的山脊，两边皆万丈深渊，这就是令人胆战心惊的"鲫鱼背"。尽管两侧有石栏铁索相护，但山风吹来，人行其上仍有颤颤巍巍欲坠之感。过了"鲫鱼背"，又要爬过一段近90度的陡立石壁，才到达"天上都会"。放眼四望，"万峰无不下伏，独莲花与抗耳"。山上有仙桃石和"登峰造极"石刻等景。登天都的石级是在1937年才开凿的，在此之前，要想登天都确实是极为艰险的事情。

从天都峰到玉屏楼，要过左临深壑、右傍悬崖的"小心坡"。穿过"一线天"，在此回首见有三座小石峰在云海之间如同蓬莱三岛。玉屏楼前有著名的迎客松，据说有一千多年树龄了。玉屏楼原为文殊院，是黄山风光绝胜处。东南竖天都，西北插莲花，传有"不到文殊院，不见黄山面"之说。附近奇峰林立，苍松虬枝盘曲，远望可见"金龟望月"、"孔雀戏莲花"、"仙人飘海"等奇岩怪石。文殊台又是观赏云海的佳处，真是景色迷人。从玉屏楼经送客松、蒲团松，过莲花沟，越莲花岭，便到了海拔1860米的第一高峰莲花峰下。

莲花峰因周围石峰叠折，好似一朵千叶金莲。从峰下至峰顶，一路风光奇异，迂回曲折，连穿四个石河，方能到达方圆仅丈余的峰顶。在峰顶

四望，只见千峰竞秀，美不胜收。峰上有"群峭摩天"、"天海奇瀛"等众多石刻。

光明顶高居第二，山顶是一处难得的坦地。从莲花峰下经百步云梯上光明顶，沿途尽管大汗淋漓，但奇峰异石令人妙趣横生。在梯顶可见"仙女绣花"、"老僧入定"。鳌鱼峰下的鳌鱼洞形似张口的鳌鱼，峰前的岩石远看如几只大小螺蛳，这就是"鳌鱼吃螺蛳"。走过这几块奇石，回头再望却成了"鳌鱼驮金龟"了，真是妙不可言。

光明顶上建有黄山气象站，站在峰顶上观望，只见四面云雾弥漫。黄山自古云成海，所以全山以海相称。光明顶周围为天海，莲花峰以南称前海，狮子林以北称后海，白鹅岭以东称东海，飞来石以西称西海。在黄山观赏云海，乃一大奇观。

黄山的云雾会在刹那间从幽壑深谷之间吐腾起来，一会儿群峰都被白色的云海所吞噬。一眼望去是一片汪洋，只有几座山峰偶尔露出，像是小岛浮于海涛之中。云海时而凝结着似风平浪静，时而翻腾起伏，澎湃万状。黄山多松，风云过处，松涛吼鸣，像大海的呼声。当朝阳和夕日的光辉反射在云海之上时，五彩的云霞鲜艳无比，如同锦缎一般，瞬息万变，绚丽灿烂，逗人目不暇接，为之心醉。

观赏后海的最佳处是清凉台。清凉台位于北海宾馆之北，正踞狮子峰的腰部。此台突出在三面临空的危岩之上，面对深不可测的深谷。在此可见"梦笔生花"：一株古松挺立在一根巨大石柱的顶端。一座座形态生动的石笋参差林立，像十八罗汉朝南海。

一块高耸的巨石立在峰顶，酷似猴子，每当云海涌起时，猴石屹立于云海之上，被称为"猴子观海"。

从北海宾馆东行，一路上怪石如林，奇松挺立。有渡仙桥，架设于两崖绝壁之间，桥下万丈深渊，桥边的"接引松"好似伸手相迎，可谓妙生天然。过桥即可到始信峰下。始信峰与上升峰、石笋峰鼎足而立，为北海风景最佳地。

黄山西海是群峰簇拥的幽深景地，古朴的排云亭面临着深谷大壑，大小峰峦如同利剑直刺青天。每当日落前后，太阳余辉照耀着一片奇峰怪石时，显现出种种奇景：有仙人晒靴、仙女操琴、负荆请罪、天狗等。此处

名山异洞

也是欣赏光怪陆离的晚霞云海的最好处所。

黄山奇松亦为一绝。黄山松扎根于悬崖壁的裂隙之间，迎受着强劲的山风，多呈弯腰虬曲之状。黄山松顽强地生存着，那种刚健不屈的姿态象征着坚强正直的精神。除了著名的迎客松、送客松、接引松之外，还有以形命名的黑虎松、凤凰松、蒲团松等，更为奇妙的是，松石相衬成为奇景，如"梦笔生花"、"喜鹊登梅"、"丞相观棋"，真是天生巧合，令人叫绝。

黄山是一幅天然的图画。著名的新安派画家雪庄和尚在皮蓬一带幽居30年，作出黄山图画42帧。近代国画大师刘海粟老人年逾90岁，十上黄山，画不尽黄山美景。黄山可谓祖国名山百花园中的一朵奇葩，天下第一，当之无愧!

峰泉洞瀑雁荡山

雁荡山位于浙江省东南沿海，绵延几百里，由北雁荡、中雁荡和南雁荡组成。通常所指的雁荡山，是指位于乐清县境内的北雁荡。

雁荡山地处浙东南一片重岭叠嶂的山区之间，外观平常，但奇秀其中。这里拥有奇峰、巨嶂异洞、名瀑等景点300多处，处处引人入胜。雁荡山雄伟奇特，十分壮美。

雁荡山是远古火山喷发时岩浆冷凝而成，至今在雁湖冈和中折瀑一带还可以看到火山喷火口的遗迹。经过亿万年来的断裂发育、流水侵蚀，这里如刀削斧劈似的形成了许多岿然挺立的岩峰、千形万状的石柱和两壁矗立的峡谷以及遍布全山的洞穴。由于雁荡山临近东海，降水特别丰沛，因而形成了二十多处较大的瀑布。众多的瀑泉洞溪点缀全山，寓动于静，给雁荡山带来勃勃生机。其中最为著名的瀑布是大龙湫，落差竟达190米，人们常以一睹大龙湫为大开眼界。

灵峰为雁荡山的主要游览区之一。灵峰一带沿溪两岸，奇峰竞起，巧石星布，诸峰均高约二三百米。拔地而起，悬崖千丈，仰首可望而不可上。灵峰高270米，它与右侧的倚天峰紧紧相依，势如两手合掌，所以又称为合掌峰。每当夜幕降临，合掌峰极像一对亲密相偎的夫妻，左峰为男，右峰为女，所以又称为夫妻峰。两峰之间夹有一个高约百米、宽深仅三四十米的狭长的山洞，这就是号称雁荡山第一大洞的观音洞。

观音洞已有悠久的历史，早在晚唐时就有僧人在此修行，以后逐渐依洞穴建成10层楼高的庙宇，从洞口至洞顶最高一层共有石阶377级。第一层供有风、调、雨、顺四大天王像，第二至第八层为僧房和供香客下榻的客房。第八层内岩壁中嵌有一石，长仅一指，形状如同观音，所以称为"一指观音"。在此仰视洞顶，可见一线天光从石缝中洒下，因而得名一线天。第十层上，供南海观音菩萨，两厢有十八罗汉，洞顶有泉水飞溅，散如珠帘。远望洞外，洞壁夹缝之间，可以看到远处以笋峰、侧面人头、狮子顶瓶诸景。这天成奇景，可谓天下无双了。

灵峰周围，群峰拱卫。每到清朗的夜晚，这里的一山一石，随着人们观景位置的变化，呈现出一系列神奇的造型。白天所见的合掌峰在夜色茫茫中成为一对丰满的乳房，移步换景，又成了一只巨大的苍鹰扶摇长空，形态之逼真，真令人叫绝。若是再向前行走不远回望此峰，却又像一对久别重逢的夫妻紧紧相依，灵峰成一个高大魁梧的男子，倚天峰如披发女郎。正当这一对情侣在夜色朦胧之中窃窃私语时，周围峰石也都一一化为栩栩如生的人物：双笋峰变成了一位老妪，眼鼻、发髻一一可辨，只是羞转着脸，背对夫妻峰。只有远处的金鸡峰此时变成一个牧童，正在偷看月下相依的这对夫妻。月夜中还有一头独角的犀牛正在静卧，一只巨大的猫头鹰却振翅欲飞。这一幅幅神奇的画面，编成一首妙趣横生的民谣：牛眠灵峰静，夫妻月下恋，牧童偷偷看，婆婆羞转脸。

这种变幻多姿的峰石，在雁荡山几乎到处可见。在月色朦胧之下，嵯峨参差的山石轮廓与山上树木杂草一起变成模糊一片，构成生动有趣的造型，而且景随步移，一步一景。在大龙湫前的大剪刀峰也是一处以变幻造型闻名的胜地。

灵岩寺是雁荡山古刹之一，有1000年历史，被群峰所环抱。寺右一峰立地擎天，高耸如柱，称为天柱峰；寺左一峰，如旌旗迎风招展，叫作展旗峰，高都在260米左右，四壁如削，气势磅礴。两峰相距200米，中间即为"南天门"，正对灵岩寺。寺背为锦屏峰，岩壁石纹五彩斑斓。来到灵岩寺，不能不叹为观止，才真正领会到"幽深奇奥"四字的含意了。

雁荡山的山民自古练就一身在悬岩绝壁之上采集药草的本领，如今在灵岩寺可看到这一绝技。表演凌空飞渡的勇士在相距200米的天柱峰和展旗峰顶之间安置一根绳索，在这高260米的绳索上，表演者如履平地，还要在绳索上仰卧、翻筋斗、放鞭炮、散彩纸等。观看者只见绳细如线，人小如蜜蜂，无不仰首屏息，为之提心吊胆。忽又见表演者攀绳索从绝壁上飞荡而下，眨眼工夫就平安到达地面。这胆大艺高的表演，每每获得观众的热烈掌声与赞叹。

灵岩寺周围还有小屏霞、天窗洞、龙鼻洞、小龙湫瀑布、独秀峰、卓笔峰、玉女峰等景点和"美女梳妆"、"老僧拜塔"等石景。

雁荡山之名来自山顶的雁湖。这里曾经芦苇丛生，结草为荡，秋雁宿之，也是一大名胜。顶上有一块巨大的雁顶石，这里海拔1046米，距海仅10公里。游客可在此观赏雁湖日出。红日在朝霞中跃出海面，景色壮丽，是雁荡山胜景之一。

除了灵峰夜色、灵岩巧石、龙湫飞瀑和雁湖日出以外，巨大的嶂谷也是雁荡山的一大奇景。所谓嶂是指连续展开的悬崖峭壁，好似一道高大的石墙。位于雁荡山北的显胜门由两座各高200米的山壁组成，峰脚只相距六七米，峰顶几乎相撞。入门仰首只见青天一线，两侧千嶂壁立，瀑布飞泉破岩而出，被称为天下第一门。沿显胜门的岩径可到达礼佛坛，坛侧一小洞的石壁上有唐僧、孙悟空、沙僧三人物的天然造型，故而得名石佛洞。像这样的岩嶂，雁荡山内有22例，蜿蜒蟠结，气势磅礴，如同铜墙铁壁，构成了著名的八门。除显胜门外，还有石柱门、南天门、响岩门、石门、化城门、西龙潭门和东龙潭门，都是雁荡山著名的胜地，所以有人评价：雁荡山的峰、嶂、洞、瀑四绝融于一体，有机结合，交相辉映。不游雁荡山简直是人生一憾。

奇岩曲溪武夷山

在江西和福建两省交界处，绵延着一列长500多公里的武夷山脉，其中最为著名的风景区位于山脉北段、崇安县以南，称为小武夷。小武夷风景区山环水绕，山水风光以奇秀、幽深、精巧取胜。素有"三三秀水清如玉"、"六六奇峰翠插天"之说。三三水是指萦绕群峰之间的九曲溪，六六峰是指溪畔姿态各异的三十六峰，还有九十九奇岩。九曲溪清澈见底，江水碧澄，群峰都为红色砂砾岩构成，碧水丹岩相衬，如同一个巨大的天然山水盆景。

小武夷的群峰高不足500米，但山形奇特俏丽，处处有险峰。垂直的陡壁四立，威武的大王峰，高只有530米，耸立于河谷平原之上，显得十分高大。山峰腰小顶大，如同一位头戴纱帽的大王。四周崖壁如削，只有沿峰南一条裂缝中的百丈危梯，才可到达峰巅。大王峰对面的玉女峰却亭亭伫立，岩壁秀润光滑，峰顶草木葱茏，如同头上插花髻发、玉石雕就的美女，正在含情顾盼。

小武夷的山水配合巧妙，山得水而活，水倚山而秀。九曲溪在三十六峰之间急转九个弯，从武夷宫的一曲到星村九曲，共长7.5公里，宽处100米，窄处仅20米。人们在九曲溪中乘坐竹排，仿佛贴水而坐。竹排如同游鱼。无声地贴着绿莹莹的水面向前滑去，时而左拐，时而右转。两岸群峰壁立，沿途可从各个不同的角度观赏风貌迥异的山形，变幻无穷。江面狭窄之处，仰望峰顶竟要躺卧竹排中，方可见其穿壁遮天的壮丽景象。人们乘坐竹排游于九曲，时而擦底而过，时而漂临深潭，水缓处平静如镜，水急处激浪飞越。两岸峰峦倒影，真是曲曲山回转，峰峰水抱流，无不感到赏心悦目，沉醉在武夷的山水美景之中。

乘竹排游九曲，犹如步在美丽的画廊之间。绝妙的山水佳作，一幅又一幅地迎面而来，令人应接不暇。游罢九曲，来到小武夷北山观赏奇峰异洞，同样令人兴奋不已。

北山一带有天心岩、流香涧、水帘洞等胜景。这里虽无大溪，却有不少小涧幽谷。最引人入胜的是流香涧。在两壁高几十米、宽仅四五米的幽谷之中，长满了山兰、石蒲，清香扑鼻，沁人肺腑。岩壁上藤蔓垂挂，流水淙淙，微风习习，十分幽静深邃。天心岩南边有三片巨石并列，石间绿草丛生，遥看似一束鲜花，称为"三花峰"。天心岩之南，水帘洞的崖顶如飞檐斜出，顶上两道清泉直泻浴龙池。水帘洞内可容千人，是小武夷最大的洞穴，到此一游，真感到情趣迥然，别有洞天了。

在离小武夷外的三港附近，是一片被划为国家自然区的原始森林。在这云遮雾绕、浓绿浅翠的林海之中，栖息着许多珍贵的动物，如华南虎、黄腹角雉、白颈长尾雉、勺鸡、白鹇、猴面鸟等。特别是蛇的品种众多，仅最毒的五步蛇就约50万条!很多动植物学家在这片处女地中进行考察，获得了丰硕的科研成果。不久前刚开馆的武夷山自然博物馆，以丰富的展品向人们展示了这一片神奇的世界。其展厅的规模在国内是首屈一指的，成为人们探索大自然奥秘极好的地方。

太湖七十二峰

浩瀚的太湖风光秀丽，湖中有大小岛屿48个，连同沿岸山峰，号称七十二峰。若从飞机上俯视太湖，你会看见，一碧万顷的湖水静静地躺卧在江南绿野之上，点点峰尖好像一匹锦缎上的珍珠宝石。山外有湖，湖中有山，构成了一派江南水乡泽国的秀媚风光。

太湖之东有苏州，北有无锡，西有宜兴。这些古城不仅历史悠久，留有许多闻名于世的古典园林和古迹，而且得以群峰的衬托，更显得娇美无比。

苏州城建于2500年前的春秋吴王阖闾时代，山明水秀，与杭州美景齐名。苏州现有古典园林188处，是我国江南园林建筑艺术精华之地。城西北的虎丘，高仅36米，但以其悠久的历史，众多的古迹和园林式的建筑布局成为著名的游览名山。传说吴王夫差葬其父于此时，见有一白虎踞其上，故得名虎丘。山顶耸立一座雄伟古朴的虎丘塔，千百年来斜而不倒，成为一大奇迹。山下的剑池，绝壁高仅十余米，宽及数尺，但如同深沟大壑的缩影，颇有气势。石壁上"虎丘剑池"四字为颜真卿真迹。

苏州西南有一片二三百米的山丘一直绵延至太湖畔，其中最著名的是灵岩山和天平山。灵岩山顶的灵岩寺相传是吴王夫差为西施建的馆娃宫遗址，后成为佛教名刹。

灵岩塔始建于梁代，后多次修建，至今仍然挺拔秀丽，并与飞檐凌空的钟楼遥相呼应。灵岩寺后有"吴王井"和西施"梳妆台"等遗迹。山顶的"琴台"相传是西施操琴之处。站在琴台可以眺望一望无际的太湖和江南水乡风光。

天平山紧邻灵岩山，以奇著称。怪石、名泉、红枫为天平山三绝。天平山高仅221米，自下至上，景观迥异，分上中下"三白云"。

"上白云"奇峰林立，怪石遍野，有飞来峰、卓笔峰、五丈岩等山景。"中白云"险径接连，"一线天夹峙在两侧绝壁之中，仅容一人上下"。"下白云"一段红枫尽染层林，有万丈红霞之称，白云泉点缀其中，景色幽美无比。

太湖之滨的洞庭东、西山是两颗璀璨的明珠。东山突出于湖中半岛。这里冈峦起伏，花果遍地，盛产枇杷、杨梅、柑桔和碧螺春名茶，被誉为太湖的花果山。最高峰莫釐峰是为纪念隋代名将莫釐而命名的，此处是观赏太湖风光最佳处之一。

东山的紫金庵中有著名的16座泥塑罗汉，个个神态逼真，表情各异，真是栩栩如生，呼之欲出。

洞庭西山是太湖中最大的岛屿，有山峰41座。南端的石公山突入湖中，如兀鹰欲飞。这里自春秋以来就是文人雅士的游览胜地，唐、宋、明、清的著名文人白居易、陆龟蒙、皮日休、文征明、唐伯虎，以及康熙、乾隆皇帝都到此访古探幽，留下很多诗词游记、摩崖石刻。

石公山上怪石林立，尤以玲珑别透的太湖石最为著名。这种巧石以瘦、皱、漏、透为其特点，很早以来就在此开采后运往各地，布置在庭院、皇宫之中，成为中国园林中必不可少的石景。西山主峰飘渺峰，高336米，登高远眺，太湖烟波飘渺，恍如仙境。

无锡也是一座有3500年之久的古城，城西南濒临太湖处是最著名的鼋头渚风景区。鼋头渚是伸入碧波万顷太湖中的矶石，三面环水，背倚高耸的鹿顶山。山岩直逼湖边，如同一只伸头痛饮太湖水的大鼋。这里一年四季，不管晴天风霜，游人不绝。

倘若风和日丽，清风徐徐吹来，湖天一色，微波涟涟；如遇狂风阵起，则惊涛拍岸，浪花飞溅，轰然巨鸣，如万马奔腾。在临湖悬崖上，刻有"包孕吴越"四个大字，寓意无穷。郭沫若在此写下"太湖佳绝处，毕竟在鼋头"的诗句。

在鼋头渚上下前后，还有澄澜堂、飞云阁、劲松楼、万方楼和万浪桥等处名胜，无一处不可入画。

无锡城内的锡惠山是一大一小紧紧相连的低山。惠山高329米，山有九坨蜿蜒起伏，状如游龙，故名九龙山。而锡山小巧玲珑，如巨龙口中明珠，故有游龙戏珠之说。

太湖七十二峰，山水相衬，峰洞相依，风景优美，集灵秀和雄奇于一体，成为我国最著名的旅游胜地。

名山异洞

海边巨龙——崂山

崂山耸立在著名的海滨城市青岛以东，因而使青岛这个美丽的城市，背山临海，分外妖娆。

崂山的面积达三四百平方公里，主峰称"巨峰"，又名"崂顶"，海拔1133米。山势东峻西缓，东、南两面临海拔起，形成很多绝壁海崖，海浪直拍崂山脚下。登临崂山又能观赏海景，如此兼备山海之胜的名山，在我国漫长的海岸线上是不可多得的。

传说秦始皇巡蓬莱仙境以求长生不老之药，曾经登临过崂山，然无确凿的史实，但不可否认的是，崂山引人注目有相当长的历史了。据《史书》上记载，公元前101年汉武帝到崂山祀神。道经中也记载："吴王夫差尝登崂山，遇神人授以灵宝度人经。"因此道教徒都以崂山为圣地。宋代在崂山建成太平宫、太清宫、上清宫三座道观以后，道教鼎盛，全山道士曾多达千余人，至今还保留有十几座道观。清代蒲松龄曾隐居崂山太清宫中的关岳祠，写下了《聊斋志异》中的一些篇章，如《崂山道士》等都是以此山为背景的。那些神鬼离奇的故事，更给崂山披上一层神秘的面纱，似乎崂山真是神仙居住的洞天窟穴。

崂山山体巨大高峻，形成了复杂的气候。北坡有"小关东"之称，易受到北方冷空气影响；南坡有"小江南"之誉，气候更为暖湿。全山植被丰富，从北方的桦树到南方的樟树、棕榈都能生长。由于临近海洋，降雨丰沛，山泉飞瀑众多，又构成了众多的水景，使崂山兼具山、海、林、泉、石、洞诸景，令人流连忘返。

太清宫是崂山上历史最为悠久、规模最大的道观。现有庭院十余个，屋宇140余间，堂而皇之，堪称"道教全真天下第二丛林"，仅次于北京的白云观。太清宫坐落在蟠桃峰下，南临茫茫大海，北风不至，因而冬无严寒，夏无酷暑，终年繁花似锦，竹林葱郁，还可以看到团团簇簇的茶树。这里盛产"崂山春"名茶，真是一片江南风光。太清宫内名木古树甚多，最为年长的一株汉柏已有2000年树龄，后在树干空洞口又长出一株盐肤木，树干外又绕有一株凌霄藤，三树合一，每年七八月间，凌霄藤还能怒放红花。树旁有一块"汉柏蟠龙"石碑，此为崂山一奇景。

太清宫北上，可见"波海参天"四个大字刻于巨石之上，在此可仰视群峰环立，俯瞰太清宫内松柏茂密，远眺大海茫茫无际。倘若中秋佳节，在此观赏月出浩海，水天一色，即为"太清水月"的胜景了。

太清宫之上，还有明霞洞，此处海拔650多米，李白有诗曰："我昔东海上，崂山餐紫霞。"可见崂山云霞是非常美丽的。上清宫在太清宫西北，宫内的银杏古木也有千年树龄了。上清宫之西便是八水河，坡陡水急，形成龙潭瀑，水势浩大，凌空飞泻而下，非常壮观。

崂山的东路景区以太平宫为中心，东临大海，西托重峦。这一带以奇石幽洞引人入胜。

太平宫为道教中华山派道观，有一千多年历史了。宫内照壁上刻有"海上宫殿"四字，殿宇现都已修葺一新。海风吹来，松涛阵阵，与海浪澎湃之声遥相呼应。崂山胜景"上苑听涛"就是此处。

太平宫之东有绵羊石和狮子峰，形态逼真，登上狮子峰，"狮口"内可容十余人休憩，峰顶是崂山观日出的最好地方之一。

太平宫西北有翠屏岩，巨岩高耸如屏风。岩下有老君洞，刻有"混元石"三字及北斗七星图，以前是道士占卦之处。太平之南的白云洞由四块巨岩组成，四石分别名为青龙、白虎、朱雀、玄武。洞临深涧，洞上有仙人桥和白龙潭。白云洞南有一华严寺，这是崂山上为数不多的一座最大佛庙。寺下一块10米高的巨石，圆浑如馒头，名为"砥柱石"，镌刻"山海奇观"四字，每字高约2米，为崂山上最大的石刻。

崂山的中路则以九水风光著称。九水分别为南九水和北九水，都是山泉汇成的涧溪，分别沿南坡和北坡流淌而下。南坡的溪水每转一弯，因山崖峭岩挡路，在岩下汇成一潭，即为"一水"。九水则为九折九潭。北九水又分内九水和外九水，尤其是内九水风光格外迷人。

鱼鳞峡双峰对峙，悬崖壁立，崖下小路仅通一人。从崖下仰望，危岩似坠。出峡门，便进入宽阔青翠的金华谷，谷旁便是三折而下的潮音瀑，溅起层层浪花似鱼鳞一般，潭水清澈呈碧蓝色，因名靛缸湾。附近有两座观瀑亭，为观瀑最佳处。坐在亭中小憩，饮上一杯崂山矿泉冲泡的茶水，使人感到回味无穷。

从观瀑亭向南攀登可达崂山极顶——巨峰。云雾缭绕于群峰之间。从巨峰上的石砌观景台可观日出。崂山巨峰离海既近而地势又高，当一轮红日随着阵阵海风从黄海海面上喷薄而出时，天光海色互相辉映，令人陶醉。

游览崂山，不能不去海崖一带观赏。崂山之东，山脉直奔沧海，入海处有一峰昂然兀立，悬崖凌空，峭壁插海，惊涛拍崖，白浪翻滚，气势十分雄伟，这就是高六十余米的崂山头。在此观赏大海，让人感到"快意雄风海上来"，从而领受到"泰山虽云高，不如东海崂"的真正含意。

东胜云台花果山

　　《西游记》中的花果山，瑶草奇花不谢，青松翠柏长春，仙桃常结果。这座仙境一般的花果山究竟在哪里呢？原来就在临近东海的连云港市东北的云台山中。

　　云台山自古就有"东海第一胜景"之誉。宋代大诗人苏东坡曾写诗称颂。还有许多诗文中都称云台山为海上神山，原来云台山曾是距海不远的一列岛屿，直到清朝康熙年间，云台山才与陆地相连。

　　云台山由海迁陆，是因为黄河曾夺淮入海，大量泥沙在沿海堆积，海滩不断向外延伸的结果。如今在云台山游览，俯视这一片临海的田畴绿野，遥想当年海浪拍岸的景象，不禁为大自然的伟力而感叹万分。

　　云台山峰连岭续，逶迤起伏。前、后、中云台如条条游龙，绵亘150多公里。峰峦缭绕着海雾，沐浴着海风，山清水秀。四季有常开的鲜花、不绝的水果。尤其是桃子的品种众多，有白桃、蟠桃等。即使在大雪纷飞的隆冬，枝头上还挂着冬青桃，汁多味甜，为桃中珍品，被称为仙桃。难怪这里成了"仙猴"的故乡。

　　花果山为云台山主要风景区，《西游记》的神奇故事使它成为海内外名山，游客来此大多兴致勃勃地寻觅当年猴王的踪迹。明朝的吴承恩曾隐居于此，在这一片清幽绮丽的奇峰异洞之间孕育出了不朽的名著《西游记》。

　　进入花果山，特别引人注目的是奇特的岩石造型，千姿百态，悬于山崖，远观似千百只活泼可爱的小猴，攀跃于山林之间。在云台山下公路南侧的猴嘴山的山顶，有一块酷似猴子的怪石，上部尖嘴瘦腮，煞像猴头，面北而坐，背后与峰顶裂开一缝，人称看门猴。山中还有沙僧石，头戴僧帽，十分威武。而八戒石则躺卧在绿树丛中，每当风过，松涛阵阵，好似八戒的呼呼鼾声。在花果山青峰顶上东望唐僧崖，又有一尊天然的唐僧石像：一顶端庄的僧帽，一身宽大的袈裟，衣角仿佛随风而动，清晰可辨。

项下佛珠一串，俨然是西天取经的玄奘和尚的形象，真是天工巧成。所以，自古以来便有"不见云台岭中秀，勿论天下美石山"之说。

花果山上的岩洞更为奇特，多为岩石的裂缝，经海蚀和流水的冲刷而成。洞穴虽不大，但曲折幽深，洞中有洞，有时要弯腰侧身而过。在这阴森的洞府世界，人们都会想起《西游记》中的七十二洞，洞洞出妖精的传说。

最为著名的水帘洞引来无数游客。此处的水帘洞并无帘帷似的瀑布，但崖壁上渗滴不绝，如水晶玉珠，看上去真如层层垂挂的水帘。洞内有石井，冬夏不竭，味极甘美，称为灵泉。从水帘洞东行100米，即到达花果山上最大的海天洞。洞内有堂有屋，可坐可卧，洞壁内有大量历代名人题刻赞辞。洞外建有照海亭，亭之背后有巨岩如鱼口。人从鱼口而入，可登顶峰，瞭望花果山全景，可谓海阔天空，一览无遗。

青峰顶上有一块大石，中开一缝，缝内夹着一块椭圆形石块，底部悬空，像是从巨石中进裂出来。石上镌有"娲遗石"三字，当人们想起《西游记》第一回所描绘的石猴诞生，就不觉恍然大悟，连那块大石的尺寸竟也与吴承恩书中所写的"两丈四尺围圆"相近。

云台山曾是海内四大灵山之一，隋唐以来佛教兴盛，寺庙观院遍布山巅岭间。北宁年间建成的海清寺阿育王塔，已有千年历史，至今巍然屹立。沿登山小道步步登高，便可到达南天门、三元宫、团圆宫、天皇宫等寺院。这些气势雄伟的建筑，坐落在青峰顶上，依山兀立，隐现在云烟缥缈的绿树浓荫之中，甚是壮观。

整个云台山还有众多的名胜古迹。在连云港市南处的孔望山，则因孔子曾登临望海而得名。孔望山古迹甚多，1980年发现的孔望山摩崖造像有一百多尊人像，开凿于公元100年，比敦煌石窟还早200年，是我国现今发现最早的石窟艺术宝库。

在锦屏山的南麓，还有一处凿刻于史前的岩画，整幅岩画刻在一块长22米、宽15米的平整而光亮的黑色岩石上，因岩画中有一幅人牵马的石刻，故称为将军崖。这是我国目前在汉族地区发现的最古老的一处岩画艺术，成为东方艺术史上的瑰宝。

从云台山往东直抵海滨。在水清沙净的海滩上，东望一碧万顷的大海，西望云雾缥缈的云台山，古老的神话与悠久的历史奇妙地揉合在一起，使人倾慕，令人神往。

银装素裹的天山

天山群峰高耸入云，披着银盔白甲般的冰雪，在湛蓝的天穹下晶莹闪亮。山坡上云杉成林，芳草成茵，牛羊成群，是维吾尔族牧民的牧场。称为天山明镜的天池，是一个高山湖泊。湖面曲折幽深，清澈的湖水倒映着青山雪峰，一片宁静的气氛。

从乌鲁木齐市到天山天池有100公里，一路上奇峰峥嵘，浮云缭绕，山路蜿蜒曲折。路经石峡，风光奇特。石峡两侧山峰接天，抬头只见蓝天一线。一道清溪由远方奔腾而来，从陡峻的河谷中直泻而下，转过山头，有一个碧绿的小湖，传说是王母洗脚的地方，名为小天池。从小天池盘山而上，即到了海拔近2000米的天池了。这里青山和碧水相映，白云和绿树共影，湖光山色，风光绮丽。四周山坡上，挺拔的云杉苍翠，林间草坡中山花盛开。特别在盛夏季节，这里气候凉爽，空气清新，是一处难得的避暑胜地。倘若严冬来临，满山上下银装素裹，雪压冰封，湖平如镜，冰冻数尺，又成为一个天然的冰上运动场。

天池南面衬映着雄伟的博格达峰。博格达峰海拔5445米，是天山东部第一高峰，巍峨挺拔，山峰3800米以上是终年不化的积雪区。山顶白雪皑皑，故有雪海之称。远望有三峰并列，高入云霄。山谷中有五十多条现代冰川。这些冰雪的融水涓涓流淌，汇入天池，流向山麓，滋润着天山脚下干涸的大地，形成一片片绿洲。博格达峰是勇敢的登山者攀登的目标。

被称作"锅底坑"的山间凹地，是一处牧草丰美的夏季牧场。在平坦的草地上，突兀着一座高出周围山头的奇峰，称为灯杆山。传说过去山上有一盏长明的天灯，远在百里之外的乌鲁木齐还可以看到它的光辉。

天山中还有许多珍奇的动植物。最引人注目的是漫山遍野的云杉和塔松，四季常青。林中到处可见野蔷薇、松蘑和各种药用植物。春夏之际，山花烂漫，姹紫嫣红，香气袭人。在3000多米以上的雪线附近，顶风傲雪的雪莲凌寒怒放。雪莲形似莲花，叶如芭蕉，叶色淡绿，花瓣洁白，花芯为紫红色和橙色，一朵花如碗口大，芳香四溢，为这一片冰天雪地的世界带来了勃勃生机。天山的密林之中，还有大角绵羊、天山鹿、天山羚羊蹦跳出没，物产非常丰富。

林海雪原长白山

巍巍长白山，纵贯于中朝边界。在中国一侧的最高峰白云峰为2691米，是我国东北的第一高峰。长白山上积雪达9个月之久，远远望去像一条白色的玉龙横卧天际，所以称为长白山。

长白山布满了茫茫森林，林海之中到处呈现着一片原始风光。古树参天，遮天蔽日，奇花异葩俯拾皆是，珍禽异兽屡见不鲜。唯见山峰白雪皑皑，犹如一位玉骨冰肌的仙女亭亭玉立于林海之上。

长白山顶是一个被群峰环抱的湖泊——天池。平静的湖水倒映着四周16座山峰，蓝天、雪峰、碧水，一片宁静安谧的气氛，仿佛到了混沌初开的史前世界。

天池是一个典型的火口湖，长白山早在二三百万年前就开始多次火山喷发。从16世纪开始，宁息已久的火山又活跃起来，先后有过三次喷发。最后一次是1702年，火山喷发后，火山口积水成湖，四周形成环抱状的16座风姿独特的火山奇峰，高度均在2500米以上，巍峨壮观。诸峰内侧均为悬崖峭壁，直落天池湖畔。从空中鸟瞰，天池就像一块镶嵌在崇山峻岭之中的碧玉，湖水晶莹，碧波粼粼；晨昏晴雨，变幻无穷；春夏秋冬，各有风韵。

天池之水，从豁口外泄，成为松花江、图门江、鸭绿江、三江之源。天池北端的天豁峰和龙门峰之间有一缺口，名曰阀门。湖水从阀门溢出形成一条小河，这就是松花江的上游——乘槎河，又名天河。

天池之下还有不少火口湖。如在乘槎河的下游二道白河畔的密林深处，有一南一北一对圆形湖，传说北湖是仙女洗澡之处，每当清风吹来，湖畔桦树千枝婆娑，万叶摇曳，沙沙作响，仿佛仙女即将来临。这就是著名的小天池，也是长白山上胜境之一。

长白山上温泉比比皆是，二道白河的温泉群面积达一千多平方米，有大小泉口几十个。其中著名的药水泉有很高的疗效，如在此沐浴，真有飞尘浴后一身轻的乐趣。

长白山不仅山势巍峨壮观，而且植被景观绚丽多姿。这里漫山上下保持着完整的自然生态环境，一片片茫茫林海都还处在原始状态。而且从山麓至山顶，呈现出明显的垂直带状分布的自然景观。

在1200米以下，杨、枫、椴、榆等阔叶树和红松、云杉等针叶树交错分布，成为生机勃勃的针阔混交林带。在1200米至1700米之间，是一片墨绿色耐寒的针叶林带。这片针叶林分枝稠密，林下阴暗不见天日，长满了苔藓，如同铺上一层厚厚的地毯。1700米以上，气温更低，风力更大，山势陡峻，土质瘠薄，只有不畏严寒的岳桦艰难地生存着。在风雪之中，岳桦虽变得低矮弯曲，但却更加显出它的顽强生命力。岳桦林带是长白山森林最高界限，超过2100米，就成了不长树木的高寒冻原带。

长白山在垂直高度不到3000米的范围中，让人们经历了从温带到寒带的植被与气候的变化，在其他地方，正常情况下要完成这一变化应横跨几千公里。在这里可以找到整个欧亚大陆北半部所有的植物群落的典型代表。这种明显的垂直自然分带和完整的生态系统，在世界上是罕见的，可谓是大自然的杰作。

在长白山的林海之中，不仅拥有许多珍贵的树种和各种药用植物，还保留了东北虎、紫貂、金钱豹、梅花鹿、黑熊等稀有动物。这里物产丰富，盛产人参、貂皮、鹿茸三宝。长白山不愧为大自然的宝库。

1960年，我国在长白山建立了全国第一个自然保护区。1980年，长白山又被联合国划入"人与生物圈"自然保护网，从此长白山成为世界人民共同拥有的宝贵财富，比一般名山更胜一筹了。2007年，长白山成为国家首批5A级风影区。

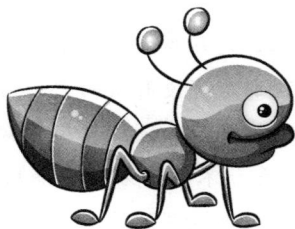

五大连池火山群

　　五大连池火山群，坐落在黑龙江省中部广袤无边的大平原中及德都县城以北处。它们是14座高低不同，但外形均为锥形截顶的孤立山峰。

　　五大连池火山群分布十分集中，火山地貌保存得十分完好。因火山喷发的熔岩堵塞河道而形成的5个波光粼粼的湖泊，如同一串闪光的珍珠，与14座已经"静"的火山交相辉映，加上附近还有不少具有神奇功效的矿泉，使得五大连池的火山风光特别优雅，极具特色。

　　五大连池火山虽不如日本富士山那样高耸巨大，也不如意大利维苏威火山那样历史悠久，但它的火山地貌非常完整且奇异多彩。况且，山、水、石互相组合，一应俱有，在世界著名火山中也很少见。它不仅具有观赏和疗养价值，而且还有很高的科学研究价值，被国内外地质学家称为"天然火山博物馆"。

　　五大连池火山群，有12座是史前约60万年前到30万年前喷发形成的，有2座是200多年前才喷发过的休眠火山。这两座是老黑山和火烧山，史书上记载曾在公元1719年至公元1721年间爆发过。当时天崩地裂，浓烟滚滚，火光冲天，灼热的岩浆奔涌而出，满天飞石如暴雨而泻，一片火海红光。当惊心动魄的火山喷发停息后，流动的熔岩冷凝成各种形状的火山地貌，至今清晰可见。

　　老黑山高出地面165.9米，是14座火山中最高的一座。虽然高度不大，但登攀并不容易。因为脚下都是有棱有角的火山砾和松松散散的火山灰。山麓长着茂密的松林和桦树。登上山顶，可望见漏斗状的火山口，口深约100米，内壁陡峭，危崖耸立，不少岩石因为崩塌，杂乱无章地堆积在火山口底部。火山口边缘有两个比较深的缺口，是火山喷发时熔岩的溢道，可以清楚地看到岩浆外流后凝结成的熔岩舌。火山口内是如此的宁静。只有栖息在绝壁上的飞鸟盘旋而过。一股淡淡的硫磺气味，使人感受到这个火山巨人仿佛刚刚平静下来。

火烧山高出地面仅73米。火山口大而浅，深约70米，呈椭圆形，底部比较平坦。火山口内长有稀疏矮小的岳桦，使光秃秃的火山口有了一丝生气。漫山都是黑色和紫色的浮石，好像刚烧过的炉渣。沿途还可以找到不少具有光滑外形的火山弹，成为游人寻觅的珍品。这种火山弹是由喷向高空的一些液态熔岩在飞行中冷凝而成的，有纺锤状、馒头状、条带状，还有因扭曲而成的麻花状、螺丝状等。

另外12座火山，因喷发年代悠久，已经被森林所环抱。这里草木遍地，一片勃勃生机。有几座火山口内已积水成湖，成为火口湖了。

在这一片方圆800平方公里的熔岩台地上，到处可以看到千姿百态、奇形怪状的熔岩地貌。有的似滚滚流动的熔岩流，称为石龙；有的如沸水翻腾的翻花石，看上去像一片凝固的大海，称为石海；有的如同宝塔挺立的喷气嘴，这是由于熔岩流覆盖到多水地带，当气体喷出时使熔岩不断向上堆叠，高达好几米，数百座"宝塔"庄严肃穆地屹立，成为一片"塔林"。

还有不少地方的溶岩冷凝后酷似各种动物，有的像粗大盘旋的巨蟒，有的像长鼻吸水的大象，有的像横卧竖躺的各种爬虫，还有石熊、石猴等，惟妙惟肖，静静地沉睡着。更有趣的是还能发现一些富有动感的熔岩瀑布、熔岩漩涡、溶岩波浪，使人感到时间仿佛在这里停止了。

由于火山活动，这里的地下水富含了各种对身体有益的矿物质，并含有大量的二氧化碳，因而五大连池的矿泉水享有盛名。所以，前来游览火山奇观的游人，都不忘前来畅饮矿泉水，并用矿泉水沐浴健身。

自然山色

天涯海角五指山

　　海南岛上峰峦起伏，以山地为主，狭长的平原镶嵌于海边。若在飞机上俯瞰，整个岛的地形如同一把撑开的雨伞，巍巍的五指山是伞尖，周围的山地逐级下降，山谷之间的万泉河、南渡江、昌化江如同伞骨向四处奔流。五指山的余脉一直延伸到海南岛的南部，以致沿海一带巨岩林立，海礁嵯峨，形成了天涯海角的胜境。

　　五指山是海南岛的象征。主峰有五个并列的山头，分别为头指、二指、三指、四指和五指，势如"嵌空巨灵手"。

　　五指山是在约7000万前的地壳运动中，由大量岩浆的喷涌而形成的。由于这里高温多雨，流水不断切割山体，天长地久，使得山峰变为锯齿状，形状如五指。

　　五指山区历来是黎族人民祖祖辈辈居住的地区。从山区中发掘出土的新石器时代的一些石器来看，至少在三千多年前黎族先民就从大陆横越琼州海峡，开拓着这个宝岛。因此来到五指山，不仅可以欣赏热带山林风光，还可以体察黎族风情。

　　五指山峰峦插天，又处在海岛之上，水汽充足，云雾特别多。特别是早晚，半山腰以上白云茫茫，以下则满眼翠绿，宛如两个世界。五指山是一处尚未开发的旅游胜地，充满了原始热带风光。人们须在浓密的丛林中沿猎手们踏出的崎岖小路登山。从五指山西麓的水满村登山，大约要经五小时艰苦的攀登，方能到达五指山之巅——二指。此处海拔1867米，比东岳泰山高出三百多米。二指峰顶像鲤鱼背，宽仅一米，长达二十多米，两侧石壁直如屏风，令人惊心动魄。头指比二指低五六百米，但也屹立如柱，在头指和二指之间，有一座圆形巨石构成的天桥，可沿天桥小心地攀援上头指。三指、四指和五指连接在一起。

五指山上设有自然保护区，是保护珍贵的孔雀雉、长臂猿等动物的原始热带森林。在热带森林中，到处奇树异木，密不通行，层层相叠的树冠使林下几乎不见阳光。不少藤本植物缠绕着巨大的树干，许多蕨类植物附生在树干或石缝之间。一些巨大乔木的根部向四周长出板状的侧根，高出地面数米，好像直立的屏风。林间的花草鲜艳无比，其中有许多极为宝贵的药用植物，有灵芝、巴戟、八角、粗榧等，真是一个绿色的宝库。

五指山一直绵延至海南岛最南端的海边。位于海南岛之南的三亚市，是一个充满诗情画意的地方。这座祖国最南的小城现在已成为海南省重点开发的旅游城。我国历代封建王朝都曾将一些与皇帝政见不合的文人官宦发配流放到这天涯海角的偏远之处。然而今天的三亚却以其独特的热带山海风光迎来了大批的游客，从而流传着到海南而不到三亚等于枉跑一趟的说法。

从三亚市沿着迷人的海滩西行，即到达闻名遐迩的天涯海角风景区。在这一片细沙海滩上，巨石星罗棋布，它们或卧或立，或蹲或踞，顶部浑圆。其中最引人注目的是两块刻有"天涯"和"海角"的巨石，两石间有狭小缝隙，宛如胡同。不远处又有一块"南天一柱"巨石，高7米，呈圆锥形，拔海而起，颇有气势。传说这是共工怒触不周山时折断的天柱一截，被移到此处支撑南天。在此只见南海蓝天一色，白浪舒卷细沙，真是海阔天空，心胸开阔。

天涯海角以西的鳌山小洞天，是一片奇异的石景。不少巨石留有苍迹斑斑的古代摩崖石刻。一块形如石船的巨岩倾躺在海边，船下波浪滚滚。一块蛤蟆石惟妙惟肖，上有平台可站立十余人，台下礁石嶙峋、浪花飞溅，好似一钓鱼台，故又称为钓台。小洞天是一个海蚀洞，浪涛拍打洞壁，可发出洪钟般的声响。从小洞天登山，上有"海山奇观"石刻大字，点画出这里的意境。

三亚市南的鹿回头岭原是一座高285米的岛山，后来逐渐因沙子的堆积而与陆地相连，成为伸向海洋的半岛。因为山脉从北奔来，到此折回，宛如一头金鹿回首凝视巍巍五指山，所以称为鹿回头岭。

站在鹿回头岭上远眺，大海碧波茫茫无际崖，北面海滨城市三亚风光尽在眼底。大海中有东、西两岛，峰峦青翠，形似娥瑙（一种近似海龟的珍稀动物）。波浮双娥，也是三亚美景之一。一幢幢富有南国色彩的楼房，坐落在椰林山石之间，景致迷人，这就是著名的度假村。

三亚市北的落水洞、仙郎洞和仙女洞是坐落在山中的石灰岩溶洞。洞中布满白色的钟乳石，有的如垂笔，有的如纱帐，有的如芭蕉叶。处处石景都流传着一个个动人的故事，使人感叹不已。

海上巍峨阿里山

宝岛台湾的中部和西部，纵列着一系列高峻巍峨的山脉，重峦叠嶂。阿里山脉是其中的一支，南北长300公里。著名的阿里山风景区位于这支山脉的中部。从台中的嘉义市有铁路翻山越岭直达海拔两千多米的阿里山风景区。

阿里山上遍布花草树木，是一片森林的海洋。日本侵略者占领时期，曾大肆采伐这里的树木，运往日本去修筑皇宫、神社。在两千余米高的阿里山中心地带，原始森林资源已近枯竭，处处可见一盘盘硕大无朋的树根。就在这一片开阔地中，现已建立了阿里山森林游乐区，成为台湾最著名的旅游风景区之一。

从海拔30米的嘉义市乘火车上山，一路风光十分迷人。火车穿行在连峰叠嶂、激流深林之间，沿途一共要过86座桥梁，66座隧道。由于地势陡急，火车盘旋绕山而行，时而奔驰在高峡天桥之上，时而钻进幽深的山洞。当火车行驰在峭壁悬岩旁时，只觉得天旋地转，忽又豁然开朗，眼前的青山翠谷，令人眼花缭乱，应接不暇。倘若在盛夏季节，山麓平原一带处处可见龙眼、柑橘和美人蕉等热带作物，一派迷人的南国风光。

阿里山顶的森林公园中，有几株巨大擎天的古树十分引人注目。被称为亚洲树王的阿里山神木，高50多米，要15人才能合抱住，树龄已超3000年!最年长的一棵古树远在溪头与阿里山之间，高约48米，树围7米，据测已有4100年漫长的树龄，可称树中的长寿之王了。

阿里山不仅树木茂密，苍翠欲滴，而且野草鲜花，布满山谷，盛开之时，争妍斗艳。尤其是樱花盛开时，漫山遍野姹紫嫣红。杜鹃、百合、兰花都竞相开放，呈现一派万紫千红的动人景象。

阿里山游览区中还有慈云寺、树灵塔、受镇宫、姊妹潭以及高山博物馆、高山植物园等名胜和景点。

慈云寺面临深谷，在此观赏云海、晚霞，景色极佳。高山植物园内集阿里山花草树种之大全。高山博物馆则向人们展示阿里山各种鸟兽、草木和矿物的标本以及阿里山的历史资料。

云海和日出是阿里山的奇观胜景，阿里云海被列为台湾八景之一。每当黄昏时分，雪白的云朵从山谷中慢慢腾起，顷刻之间，滚滚白云似大海笼罩着群峰。只见那瞬息万变的白云像波浪翻滚，奔腾不息，又像莽莽雪原的银蛇蜡象，前呼后拥。时而云雾奔来，满山满谷浓雾弥漫，置身其间，飘飘欲仙，令人陶醉。倘若此时夕阳西下，则白云衬托晚霞，彩虹七色纷飞，艳丽迷人。原来，阿里山正处在水汽凝成云的高度，来自海洋的暖湿水汽又特别丰富。所以每年雾日可达250多天，云雾特别浑厚壮观。

与云海同享盛名的是阿里山的日出，2460米高的祝山观日楼是观赏日出的最佳处。每日凌晨总有大批游客在此等待日出美景的到来。朝阳从阿里山以东的台湾第一高峰玉山背后升起之时，山光岚影，瞬息万变。刹那间，玉山背后如同一团火球腾起，耀眼的金光如无数支金箭，射向一座又一座山头，顿时阿里山诸峰山青林翠，谷明溪亮，呈现出一派绚丽多姿的景象。

阿里山风景优美，是一幅毫无修饰的天然水墨画卷。这充满着野趣的自然风光使人倾倒，从而成为人们寻幽探胜的极佳地方。

◎ 名山揽胜 ◎

　　山是大地的脊梁，是溪流和江河湖泊的父亲。山上的森林是大地的衣被，是它平衡了大气的流动，水土的保持，从而使几十万年前走下山来的人类祖先能够休养生息，代代相传至今……

　　人类几十万年来总是向山林索取(并美其名曰"揽胜")，如今终于懂得了应该如何去欣赏它、爱护它……

五岳独尊数泰山

巍巍泰山，以通天拔地、雄风盖世的气势屹立于齐鲁大地之上。它以五岳独尊的特殊地位名扬海内外，并作为中华民族的文化丰碑赢得人们的赞扬。

泰山之所以为五岳之尊，首先是因为山体的雄伟庄重。泰山的基体宽大稳重，主峰突起，众峰拱卫，大有"镇坤维而不摇"之威仪。孔子"登泰山而小天下"的赞叹，杜甫的"会当凌绝顶，一览众山小"的名句，脍炙人口，流传至今。

泰山的历史文化渊远流长。早在商周时期，齐鲁之邦就是我国政治、经济、文化发达的地区之一。以后又产生了管仲、晏婴、孔丘、孟轲等著名的政治家、思想家和教育家。五岳之中，数泰山离海最近，自古即有"圣人多起于东方"之说。相传在秦始皇以前，就有七十二君主相继前来泰山封禅祭祀。从秦始皇开始直至清朝，历代君王每逢太平盛世或新皇登基，都率领文武大臣浩浩荡荡前来举行封禅大典，祭拜天地，以求国泰民安，并且在泰山上建庙塑神。他们刻石题字，留下无数名胜古迹。历代名人学士也纷纷前来游历。作诗记文，碑碣题词，使泰山成为我国古代文化的宝库、书法艺术的殿堂。步行登山，细细观赏，如同追溯着中华历史的渊源，又如同欣赏一幅中国山水画卷。巍巍泰山的秀美风光，真是无与伦比！

登泰山始从岱庙起，泰山古称岱山，所以泰山主庙称为岱庙。它处在山南麓泰安城内，历代君王临登泰山，必先于岱庙祭祀瞻拜，然后启程上山。经过历代扩建，岱庙规模宏伟，整个建筑呈现皇宫气派，与北京故宫、曲阜孔庙并称为我国最大的三大宫殿式建筑群。

岱庙内古柏参天，碑碣林立。五株汉柏相传为汉武帝所植，150多块石碑中最古老的是2000年前的秦二世诏书石刻，书圣王羲之和宋代四大书法家也都有刻石在此传世。

　　从岱宗坊至泰山极顶有6293级台阶，长约9公里。过王母池即到红宫门，这是因为崖呈红色并且排列似门而得名。这里有"一天门"、"孔子登临处"、"天阶"等石坊。飞云阁横跨故道，东连弥勒院，西接元君庙，周围古木交柯，浓荫蔽日。上山过万仙楼，可见明清石刻60余块。它们尽情赞颂泰山风光，令人回味无穷。

　　斗母宫是一群较大的建筑群。宫前古槐虬枝拂地，院内翠竹丛生，旁有三潭叠瀑胜景，由此往东北岔道可通往经石峪。这里有一大块石坪位于龙泉峰下的谷中，上刻隶书《金刚经》全文，每字大约半米，笔力刚健，历代尊为"大字鼻祖"。现存大字1043个，前来观赏的游人无不惊叹这一稀世杰作。

　　中天门海拔800多米，地势较为开阔，建有庙宇和宾馆，并有缆车可以直达南天门。在此北望岱顶，石级直入云霄；回首俯望群峰，逶迤足下。

　　从中天门到云步桥是一段难得的坦途，过云步桥便是五松亭。石道为两侧山峰夹峙，满山松树成林，风起松涛阵阵，云涌则雾气弥漫，景色极佳，所以乾隆在此题刻"岱宗最佳处"。

　　这里石阶直通南天门，高达400多米，共计有1500多级石磴，这就是著名的泰山"十八盘"。盘道中间有一座"升仙坊"，南下为"慢十八"，北上为"紧十八"。十八盘是对登山者体力与意志的考验。越走越陡，抬头前人如在顶上，回首后者正居足下，奋攀此道，最终登上南天门，一股战胜困难的喜悦充满胸怀，极目远望，天高地远，心旷神怡。

　　南天门建于元代，已有700多年历史，是一座红色的楼阁。门内有一条天街，有商店、旅馆、饭店，使人分不清是在人间还是在天堂。天街的尽头是碧霞祠，这组宏大的建筑群，建于宋代。大殿内供奉泰山女神碧霞元君的神像，为鎏金铜铸，工艺精美，是国内罕见的珍贵文物。为防山高风雪侵蚀，整个建筑都以铜铁等金属铸件和土木砖石构成，数千年来一直屹立山巅。

　　碧霞祠东北的大观峰上绝壁如削，崖壁上布满历代石刻。其中有唐玄宗李隆基手书的《记泰山铭》996个大字，加上题额4字，共1000字，全部贴金，显得富丽堂皇。

过大观峰就是泰山极顶玉皇顶，顶上建有玉皇宫，宫内的极顶石高1.524米，是泰山最高处。附近的名胜古迹遍布，有月观峰、日观峰、拱北石、瞻鲁石、仙人桥、丈人峰等。有一座无字碑，为汉武帝所立。据说汉武帝是因为无法用词语来歌颂泰山的伟大，又说他认为自己功德无量，非文字所能表达。

在泰山极顶有旭日东升、晚霞夕照、黄河金带、云海玉盘四大奇观，尤其是旭日东升最为动人。每日凌晨，总有不少游人遥望东方，一睹日出云海的壮丽景象。在天气晴朗之时，远望黄河宛如一条金色绸带，飘舞在绿色的大地上。

泰山的北坡怪石嶙峋，峰奇岩峻，洞穴深邃，清泉寒冽，松柏苍翠，沟壑纵横，称为后石坞，以其天成的野趣，令人流连忘返。泰山以北山麓有一灵岩寺古刹，为"天下四大古刹"之一，其中文物众多。寺内有40尊宋代彩色泥塑罗汉像，塑工精细，造型逼真，被誉为天下第一名塑。寺外的墓塔共有167座，多为金代和元代所建，造型古朴别致，为国内所少见。所以古人有游泰山，不游灵岩，不成其游之说。

泰山融高大雄伟的自然景观与光辉灿烂的人文景观于一体，是中国人民的骄傲，并为世界所重视。1987年，泰山被联合国教科文组织列入世界文化和自然遗产目录，成为全世界人民共同的珍贵财富。

佛国仙境峨眉山

峨眉山坐落在成都西南约168公里处，为我国的四大佛教名山之一。在四川素有"四绝"之称闻名天下——峨眉天下秀，青城天下幽，剑阁天下险，夔门天下雄。峨眉山以它独具的风姿位居"四绝"之首。

峨眉山方圆200平方公里，主峰万佛顶高达3099米。在中国名山之中，论高大巍峨，可以推峨眉为首了。然而它的山形绮丽，却以秀著称。人们形容峨眉山形仿佛美女两道秀眉，遍山上下很少有岩石裸露的峭崖，几乎全都披上浓郁的绿装。满山的春花秋果，仿佛是美女身上的金钗玉簪。幽深曲折的沟壑之间，并无气势浩大的巨瀑洪流，唯见涓涓小溪，如同美女舒展水袖在轻歌曼舞。峨眉之秀，确实处处让人感叹。李白因此作诗曰："蜀国多仙山，峨眉邈难匹。"

峨眉山包括大峨、二峨、三峨和四峨四座山，主要游览区为大峨山。

峨眉山是佛教普贤菩萨的道场。传说普贤骑着白象普济众生，功德圆满。山上很多寺庙和胜地与普贤菩萨有关，如名刹万年寺内有极其珍贵的普贤骑白象的铜佛像，海拔2000余米外有普贤洗象池等。

隋唐时，佛教在峨眉山上日益兴盛，原有的道观纷纷改成寺院。历代高僧先后在山上建筑了不少佛殿。僧侣最多时达3000之众，真不愧为佛国仙山。

峨眉山高3000余米，比东岳泰山高出一倍，自山麓报国寺徒步登山有南北两条山道，现有盘山公路乘车直上雷洞坪。

到达2400米高处的雷洞坪后，即使是盛夏季节，仍感到山高天寒，遍体生凉，似乎换了一个季节。这里经常云雾弥漫，尤其是在夏季，山麓的炎热空气急剧上升，常在此形成雷雨，雷声却响于悬崖之下。自古传闻此处不能大声喧哗，否则扰动气流，会引起迅雷惊电。从雷洞坪到金顶的登山道比较坦缓，也可以坐缆车直上金顶。

峨眉金顶海拔3077米，顶部是一平坡。金顶之北是千佛顶和万佛顶，三峰并列，气势非凡。顶部现筑有气象站和电视转播台，还有招待所和小饭店。人们来到此地，只见白云缭绕脚下，仿佛置身于天上人间一般。

金顶之上曾建有很多殿宇，但屡屡毁于雷火。现存卧云庵，是明万历三十年（1602年）建成的一座金顶铜殿，在阳光下金光闪耀，金顶之名由此而来。铜殿现已毁，但有铜碑等遗物藏于卧云庵内。庵左侧即为睹光台，危崖临空，下临绝壁600多米。站此观望，山海峰浪一望无际，东可望峨眉河、大渡河和岷江曲折环流，西可见青藏高原群峰银装素裹，南北丘陵起伏，层峦叠嶂，真使人感到有凌云排空、唯此独高之感。

峨眉金顶有云海、日出、神灯、佛光四大奇观。在金顶可看到云雾变幻在眼底之下，瞬时成为无边无际的白色大海，时而如波澜翻滚，时而如轻纱弥漫。晴朗天气的凌晨，在金顶上观赏日出，也使人激动万分。入夜，万山静寂，又可俯见山谷中点点亮光，如灯火万盏，忽明忽暗，此即为神灯，实际上是空气中的磷自燃引起的现象。在四大奇观中最令兴奋的是"佛光"。它一般出现在晴朗无风、太阳斜射的午后。当山腰布满云海的时候，人们站在睹光台上，可以看到云海之上出现一个彩色光环，人影正好投在光环之中，人静影亦静，人动影亦动，这就是著名的"金顶祥光"。这种大气光象折射现象，千百年来令人如痴如醉，为峨眉佛山披上一层无比神秘的面纱。

游罢金顶以后，自雷洞坪下到洗象池一带，山势在2000米以上，沿途是一大片高山寒温带的冷杉林。枝干粗壮，树荫浓密，枝杈上绕缠了藤蔓地衣，垂挂数尺，林间雾气腾腾，洗象池坐落在这一片冷杉林之中。寺前有一六角形小池，旁有一石象，传说是普贤菩萨的坐骑白象归来吸水之处。每逢晴夜，皓月清辉，山峦树影朦胧，构成了一个静谧而神奇的"象池夜月"的境界。

洗象池一带常有猴群出没。山猴发现游人路过，就会从树上下地拦道索食，与游人拉拉扯扯，只要游人友好地拿出食物，猴子便会让道。这些山猴颇通"人性"，每当和尚和山民到来，则不敢轻举妄动。胆大的游客在此与猴子嬉闹逗乐，甚至与猴子勾肩搭背，合影留念，这也是游峨眉的一大乐趣。

人们登过峨眉山，都会对这奇秀的风光产生无限的不舍，留下终生难忘的印象。

西岳华山天下险

　　西岳华山以险著称，自古就有华山天下险之说。华山巍然雄峙，四周绝壁如削，举目仰望，山顶诸峰如同花状，高耸入云，令人赞叹。

　　由于华山太险，所以在唐代以前少有人登临，历代君王祭西岳，都是在山下西岳庙中举行大典。唐代道教兴盛。道徒开始居山建观，逐渐在北坡沿溪谷而上开凿了一条险道，形成了自古华山一条路。

　　华山是一座花岗岩山体，大约在8000万年前随着激烈的地壳运动迅速隆起。华山北侧沿陇海铁路一带则是一条深长的断陷带，由此形成了四壁近千米的悬崖。像华山这样的险绝之景，在我国各大名山之中实属罕见。人们历经艰难登上华山顶峰时，无不为自己的勇气和毅力感到自豪。

　　华山之险始于青柯坪以上。从山口的玉泉院沿华山峪溪谷而上，沿途虽山高谷深，但尚好行走。过五里关、石门、十八盘和云门等处，到青柯坪已是海拔1000多米高处。过青柯坪后，只见众峰夹峙，绝壁面立，山势愈见峻险雄奇。一道370余级的陡坡石道在岩石缝隙中穿过，此即为华山第一险处——千尺幢。石级只容两人侧身而过，由于太陡，石级之宽只容半足，须小心翼翼拉着铁索而上。石级终处有一洞口如同天井，上有铁盖，倘若盖住洞口，进山之道也就关锁了。真是一夫当关，万夫莫开。

　　过千尺幢，不远处是百尺峡，这是华山第二险关。百尺峡的磴级凿刻在几乎垂直的石壁之上，两旁无崖所依，只有两条粗大的铁索供游人拉扶而上。百尺峡尽头，有一块崩落的巨石夹在两壁之间，人从石下战战兢兢而过，此石称"惊心石"。再上又到达第三险关——老君犁沟，这是一条临崖深沟。传说是太上老君牵牛犁成的。此沟深不见底，石级依壁临沟而过。过了这些惊心动魄的险途之后，可到北峰。北峰海拔1615米，是华山诸峰中最低的一个。在此可以尽情南望华山东、南、西诸峰削立的雄姿。继而南上又须过第四道险关“擦耳崖”。顾名思义，游人在此要贴壁擦耳而过，下临万丈深渊。再往前则到第五险关——苍龙岭。

苍龙岭是一道长1.5公里、陡45度、宽仅1米的岭脊，是北峰南临三峰的必经之路。岭脊上光滑圆溜，刻有300多级石阶，两旁悬崖直落700多米，望之令人昏眩，如遇大风，更叫人魂飞魄散。现苍龙岭两侧有石栏铁索相护。

苍龙岭下经常云雾弥漫，岭脊时而露出云层，随着白云飘浮，宛如一条苍龙在昂首、拱背、摆尾，戏游于云海之中。

过了苍龙岭，再过通天门，便到了三峰环抱、松柏成荫的莲花坪。莲花坪为三峰夹峙之间的小盆地，地势平坦。三峰之水汇成28个碧潭，并有玉井、玉泉，遍地可见奇花异草。登临华山途中，一路上只见石骨裸露，奇岩怪石。历经艰险来到这秀丽幽静之地，忽觉情趣异然，纷纷在此小憩，环顾三峰如出水芙蓉，好像在招唤人们勇往直前。

东峰又名朝阳峰，高2100米，峰顶斜削，绝壁千丈。游人要攀援绝壁之上的云梯才能登峰。峰之东壁悬岩上巨灵神掌清晰可见，五指分明，惟妙惟肖，令人叫绝，被称为华岳仙掌第一景。其实这是绝壁岩石上的裂缝，长期受雨水浸润，岩石中矿物质被氧化后成为若干条红黄色的指印。从东峰东行还有“鹞子翻身”等极为惊险之道，直通下棋亭。

西峰又名莲花峰，高2083米。此峰三面临空，悬崖万仞，山顶形如莲花，是华山上最为峻美奇秀的山峰。最高处称摘星台，晴夜满天星斗似伸手可摘，峰上建有翠云宫。宫外有一馒头状巨岩，被两道石缝断为三截，这就是华山有名的斧劈石。相传玉帝女儿三圣母住在华山，遇见穷书生刘彦昌，两人爱恋生下一子名沉香。三圣母的哥哥二郎神，知道后大发雷霆，盗走宝莲灯，并将三圣母镇压于华山之下。沉香经霹雳大仙抚养，至16岁战败二郎神，并用神斧劈山救母。至今斧劈山旁还立有一柄两米多高的铁斧，斧柄上铸有“仙家宝斧，七尺有五，赐于沉香，劈山救母”16个大字。其实，裂缝是花岗岩自然风化后断裂而成的。

南峰为华山最高峰，海拔2160.5米。峰上有东、西两顶，东称松桧峰，西称落雁峰。上南峰又要经历一段险道。从东坡的南天门石坊登峰，有一条依绝壁而筑的长空栈道。一根根的木椽长约半米，一端插入岩壁石洞之中，一端凌空横立。椽木之上铺设木板，全长数十米。过此栈道既要勇敢，又要沉着。过了此险，才可到达辉煌的顶点。

　　登上华山顶峰，令人感到无比的兴奋，极目远望，一股顶天立地、不畏艰险的豪迈之气从胸中油然升起。

嵩山古刹与观星台

　　中岳嵩山坐落在河南省洛阳与郑州之间的登封县境内，北濒滔滔黄河，早在夏商周时代，就被称为中原第一名山。周平王迁都洛邑(今洛阳)后，正式定嵩山为中岳，沿袭至今。

　　由于嵩山位于天下之中，坐落在中华民族发祥地的河洛之间，所以一直受到历代帝王的封禅和祭祀。加上千百年来僧道和文人的颂扬，使它成为一座历史名山和中原文物之乡。

　　秦始皇统一中国后，定太室即嵩山为天下第一名山，并建太室祠，四时致祭。汉武帝在嵩山也举行过盛大祭典，大兴土木。唐朝武则天登上帝位以后，立即登嵩山封禅中岳，并改年号为"万岁登封"，同时改嵩阳县为登封县。唐宋两代，嵩山中岳庙一再扩建，呈现"飞甍映日，杰阁联云"的景象。清朝乾隆皇帝也亲登嵩山峻极峰。因此，嵩山上下到处都留下了琳琅满目的珍贵历史文物和许多动人的传说。

　　嵩山由太室、少室两山组成。太室山主峰是峻极峰，海拔1440米，登山之道多险要之处。少室山主峰称御寨山，高1512米，山顶平坦，但有四天门之险，易守难攻，而且有两个积水的深潭，称为大、小饮马池。

　　规模宏大的中岳庙坐落在太室山的黄盖峰下，是河南省目前最大的寺庙古建筑群，共有四百多间庙房，九进院落，呈中轴对称布局。庙前一华里处，有一对太室阙，是东汉遗物，上刻有半隶半篆的铭文，并有五十余幅石刻图像。这太室阙和少室阙、启母阙合称"汉三阙"，是国家重点保护的文物，有重要的考古价值。

　　中岳大殿面阔9间，进深5间，面积近一千平方米，气宇轩昂，可与故宫的太和殿相媲美。庙中有一对汉代刻制的石人翁仲和4个铸于北宋年间的铁人，都是罕见的文物。

　　中岳庙内古柏参天，树龄逾千年以上的汉宋古柏竟有200多株，至今还枝叶茂盛，生机勃勃。庙内还立有100多块石刻碑碣，最古老的是刻于公元456年的"中岳嵩高灵庙之碑"，为北魏时书刻的珍品，其他唐、宋、金、元、明各代石碑都有很高的艺术价值。中岳庙内的古迹文物令人目不暇接。

中岳庙以西不远处的修林茂竹之间，还有一座嵩阳书院，始建于北魏时代。司马光、范仲淹、欧阳修、朱熹等历代文人都在此讲过学。北宋的程颐、程颢兄弟在此创立二程理学，在中国文化史上产生了很大影响。

在少室山北麓的五乳峰下，有一座驰名中外的佛教禅宗祖庭和以武术举世闻名的古刹少林寺。少林寺始建于公元495年，后来印度高僧菩提达摩漂洋过海来到这里面壁坐禅9年，创立了我国佛教中禅宗派。在寺后的五乳峰上，还有初祖庵、二祖庵等古庙以及达摩洞——据传此洞是达摩面壁苦修之处。

元代所建的古天文台，称为观星台，至今保存完整。这是元代科学家郭守敬主持建造的全国天文观测中心。公元1279年，郭守敬从北京出发，经河南抵海南，行程数千里，测量了大量天文数据，并经过计算，编制出当时最先进的历法——授时历。按授时历计算的一个回归年的长度，比地球绕太阳一周的实际时间只差26秒，而现在世界通用的阳历是在公元1582年才制定的，比授时历晚了整整300年！

壮美的嵩山正以其独特的风貌，悠久的历史、古迹名胜博得人们的钟爱。

恒山峭壁悬空寺

恒山在山西省浑源县以南。相传4000年前，舜帝北巡，见此山气势雄伟，遂封其为北岳，为北国万山之宗。

恒山自东北伸向西南，绵延数百里，中间是一道深大的断裂带，浑河在绝壁峡谷中穿行而过。恒山主峰天峰岭与对峙而立的翠屏峰之间的金龙口峡谷，最窄之处仅10米。两峰拔地摩天，壁立如门，山势十分险要。金龙峡历来为南北交通要道，很久以前在这悬崖半壁之上修筑了名为云阁的栈道，还曾修筑了连接峡谷两壁的"虹桥"。如此险要的交通要隘，成为历代兵家必争之地。传说北宋名将杨业率领杨家将曾在此大败南侵的辽军。

明朝时，正式把恒山定为北岳，与东岳泰山、西岳华山、南岳衡山和中岳嵩山齐名天下，并称为五岳。

恒山地处我国山西高原北部，气候比较干燥，山上树木稀少，山石裸露，显得格外峥嵘雄奇。寺庙也都依倚绝壁悬崖而筑，似成危楼悬阁，成为恒山建筑景观的一大特色。其中最为著名的是悬空寺。

悬空寺位于金龙峡谷西侧翠屏峰的悬崖峭壁之上，面对北岳主峰。绝壁上原有一处深不过10米、长40多米的凹壁，悬空寺建筑于凹壁之中，下距谷底近百米。全寺有40间殿宇楼阁组成，高低相距20米，错落有致。殿阁之间有的以栈桥凌空飞渡，有的以暗道回廊相通，有的要登绝壁上的石级而上，有的则要越壁穿窗进屋，上下迂回，左右盘旋，令人扑朔迷离，宛如进入迷宫。南北两端各有门楼对峙，下砌砖基，上筑楼阁。

整个悬空寺都是在悬崖上凿洞，打入一排木梁作为地基，后起墙造屋而成的。寺下有几十根碗口粗的木柱支撑着，这些木梁和木柱互相组成一个承重的整体，使重重殿宇安然无恙地"悬挂"在绝壁之上。据史书记载，悬空寺建于公元6世纪的北魏后期，一千多年来历经数次地震，但仍屹立不倒，其结构之巧妙令人赞叹不已。

悬空寺是道、佛、儒三教合一的寺庙，主殿内供奉释迦牟尼、老子和孔子的塑像，这种情况是很少见的。

恒山有著名的十八景，但过去一直缺少秀美的水景点缀。20世纪50年代末期修成的恒山水库，不仅使金龙峡谷内免遭水患，而且使巍峨壮观的恒山雄姿和碧波荡漾的湖光水色交相辉映，显得更加光彩夺目。

"清凉世界" 五台山

五台山位于山西省境内，是我国四大佛教名山之一。

五台山清泉涌流，气候凉爽，被称为清凉世界。这是因为五台山地处华北，海拔又在2000米以上的缘故。每年四月解冰，九月积雪，即使在七八月盛夏季节，山上最高气温一般也维持在20摄氏度左右。岁积坚冰，夏仍飞雪，并无炎夏，清凉佛国之称，由此而来。

五台山方圆250公里，由五座圆浑的山峰环抱而成，分别称为中、东、南、西、北台，其中北台最高，为3058米。台顶树木稀少，犹如垒土而成，因此当地俗称秃头山。传说文殊菩萨从龙王处取回歇龙石后，龙王的五个儿子追到五台山，用龙爪乱扒乱翻，想要找回歇龙石，遂把五个山峰扒成平台。现在每座台顶的山麓，都可看到有成堆乱石，人们称之为"龙翻石"。其实这是冰川时期由于冰冻作用造成的砾石堆。

台怀镇位于五台山中心的台怀盆地中。这一带青山翠壑，一条青水河水声潺潺，即使在炎热季节也凉爽无比，真是名不虚传的清凉胜地。寺庙和僧侣多集中于此，成为五台山佛教的中心地。

东汉时，印度高僧摄摩腾和竺法兰在台怀建造了灵鹫寺，成为五台山佛教传播的开始。北魏、隋、唐各代又纷纷建起众多的寺庙。五台山以佛教名山而久负盛名。唐代就有印度、日本、斯里兰卡等国高僧不远万里前来朝台。清朝康熙皇帝曾朝台五次，乾隆皇帝也曾六次游山，并住宿在菩萨顶上。

由于五台山接近内蒙、青海等蒙藏少数民族地区，自清代起，佛教中的喇嘛教也进入五台山，由此形成了黄衣喇嘛的黄庙和青衣和尚的青庙并存的格局。这在我国各大佛教名山中是独一无二的。

离龙泉寺不远处的令公塔，是宋朝爱国名将杨业（杨令公）的葬身之地。相传杨令公战死沙场后，其子五郎收骨建塔，葬于此地。杨五郎即在五台山出家当了和尚。传说杨五郎在此操练三千僧兵，帮助杨六郎大破水牛阵。至今在显通寺内还存放着一根相传为杨五郎用过的铁棍，重81公斤，因打韩昌而成两截。

五台山的寺院历史悠久，规模巨大。附近还有许多古刹依山傍谷而筑，有广济寺、圆照寺、万佛寺、龙泉寺、金阁寺、普化寺等。真不愧为佛国天地！

莲花宝地九华山

四大佛教名山之一的九华山坐落在皖南青阳县境内，北距长江不远，与著名的黄山同出一脉。群峰之间，飞瀑流泉，岭影云光，景色秀丽，而且寺庙佛塔众多，晨钟暮鼓，自古以来即以佛教圣地名扬海内外。

历代慕名前来的文人名士、达官显贵不计其数。唐代大诗人李白曾三次游历九华山，宋代的苏轼、王安石、文天祥，明代的汤显祖，清代袁牧等几百人，共留下赞美九华胜景的诗篇500多首。

九华山和黄山都是花岗岩体山脉，历经亿万年的风吹雨打，山体支离破碎，造型奇特，姿态非凡。山峰耸峙纤细，山顶如同朵朵莲花盛开。著名的莲花峰置于云海之中，真有亭亭出水之态。所以，在我国四大佛教名山之中，九华山又以莲花佛国著称于世。

九华山曾为道教所据。自唐代以后，佛教的影响越来越大，终于成为佛教的一统天下。唐开元年间，新罗国(即今朝鲜)的王族金乔觉来到九华山隐居修身，苦行75年，至99岁坐化。金氏高僧曾为九华山古刹化城寺的祖师，学识渊博，擅写汉诗。他去世后，葬于月身宝殿。由于他生前笃信地藏菩萨，而且传说他的容貌也酷似地藏瑞相，于是九华佛徒都认为他是地藏王菩萨转世，遂称他为金地藏，九华山由此成为四大佛山中专门供奉地藏菩萨的道场。金氏高僧品行高洁，修身成佛，从此九华山名声大震，一时僧尼云集，寺庙林立，成为佛教圣地。

九华山地处我国江南，气候温和，降水丰沛。山间涧溪众多，成为装点山色的幽美清秀的水景。从九华山北麓登山，先抵五溪桥，桥下是从九华山诸峰中流淌而下的五条清澈溪水汇合成的龙溪。伫立桥上，近可听溪水哗哗有声，远可见九华诸峰均在云雾之中。五溪山色为九华十景之一。

　　沿龙溪河谷的山间小道上山，沿途有著名的碧桃瀑布倾泻而下，溅玉喷珠，十分壮观。一路上深潭清泉点缀在苍崖翠岩之间，景色深幽迷人。登山道上，有一天门、二天门、三天门三座过街亭，其间还有甘露寺、望江亭和大、小仙桥等景点。甘露寺为九华山上四大丛林之一，与百岁宫、东崖寺齐名，依山而筑，寺高五层，深藏在幽谷之中。

　　过了三天门，地势豁然开朗，出现一个山间盆地，建筑密集，一条热闹的九华街贯穿其间，商店、旅馆、寺庙交错为邻。沿街一排排小摊，出售各种各样的佛珠、佛像等物，上山进香的信徒和前来观光的游客云集于此，充满了浓厚的佛教气氛。

　　九华街海拔650米，有公路可以直达此地，是进山游览、朝拜的中心。附近散布了近20座佛寺和7座佛塔，其中化城寺是九华山的开山寺，历史最悠久。

　　出九华街，沿山道攀登，上东岩岭，可到回香阁。此处前可观海拔1325米的九华主峰——天台峰高耸入云；后可览九华街的人群房舍像小人国似的尽落眼底。过岭落坡，便到达闵园竹海。在这一大片竹林深处点缀着一座又一座白墙黑瓦的庵堂和民宅，环境十分幽静。在山峰的石缝裂隙中，生长着许多铁骨冰肌、挺拔苍劲的黄山松。

　　迎客松、凤凰松、鹦鹉松为九华"三松"。其中凤凰松主干粗矮，枝分三叉——三片松叶树冠，一像凤凰昂首，一像凤翼，一像凤尾，树龄已达1400多年，被称为"天下第一松"。

　　沿崎岖小道上山，山势渐陡，山道五步一弯、十步一拐，一边峡谷万丈，一边绝壁千仞。沿途奇峰林立，在三十三天古拜经台上，可以饱览奇峰怪石：钟峰、香炉峰、和尚敲鼓石和双桃峰等。九华山第一奇峰为蜡烛峰。它兀然卓立，岩壁直下近百米，如刀削斧劈，孤立于山谷之中，峰顶几棵奇松，酷似烛芯和烛泪。峰对面的石壁上摩崖累累，有"龙华三会"、"非人间"等石刻，预示着即将出现九华最高的天台峰胜景了。

　　天台峰实为两峰组成，两峰之间有拱形石桥相连，名为渡仙桥，两峰并立如门，自下仰视，蓝天一线，故石上镌刻"一线天"三字。峰顶的天台寺，是一座五层建筑，随峭壁而建。寺西花岗岩平台上有观日亭和捧日亭，是看日出的好地方。站在天台峰巅，环顾九华九十九峰，仿佛朵朵莲蓬在云海之上。北观长江如带，南望黄山七十二峰，气象万千，神秘莫测，你置身于此不由会产生一种飘飘然的感觉，分不清究竟是置身于天上仙境，还是在人间佛国之中。

七十二峰武当山

武当山位于湖北省丹江口市境内，北临丹江口水库，南接神农架山区，西连秦岭，东迤大洪山，号称八百里武当。

武当山有七十二峰，主峰天柱又名金顶，海拔1612米。在金顶俯瞰群峰，只见南岩峰峻秀挺拔，双笔峰苍翠欲滴，玉女峰亭亭玉立，望郎峰翘首期望，仙人峰云烟飘渺，展旗峰迎风欲动。诸峰又都微微向主峰倾斜，像是俯首朝拜主峰，这就是有名的"七十二峰朝大顶"的奇观。

武当山中林木茂盛，又有岩、洞、泉、涧点缀其间，真是山峦清秀、风景奇幽。这一超脱人间凡俗的天然景色，很早就成为崇尚自然、追求仙境的道教信徒的理想天地。

传说古时净乐国王太子真武15岁时就进武当修道，曾因意志不坚想下山归家，路见一老妇在井边磨铁杵，就问她要磨什么。老妇说："铁杵磨成针，功到自然成。"太子顿悟其道，立即返身入山修道，终于得道升天，成为道教的真武大帝。从此，武当山就成为道教名山。汉、晋、唐、宋、元、明各代均有著名道家上山修炼。明代道家张三丰在武当还创立了武当拳术，与少林武功齐名于世。

明代是武当道教鼎盛时期，这与明成祖朱棣崇尚道教有关。朱棣夺取帝位以后迁都北京，他在大规模地修建北京紫禁城的同时，又于永乐十年起动用30万民工，历时12年之久，在武当山大兴土木，营建了从山麓到金顶长达70公里的神道，并建成33座大型建筑群。

武当山的大门——玄岳门，是一座高20米、宽13米的三间四柱五楼式的石牌坊，上有"治世玄岳"四字，气宇非凡，庄严威武。整座建筑均用石凿榫卯而成，雕工精美，有很高的艺术价值。从玄岳门到金顶的神道都用青石铺成。

进玄岳门可到遇真宫。明代著名道士张三丰曾在此结庵居住过。朱元璋和朱棣两位皇帝都想要召见他，但他却云游四方，避而不见，于是传闻他是"真仙"。建成的遇真宫，内塑有张三丰铜像，形象生动，飘逸如仙。离此不远的玉虚宫，相传明末农民领袖李自成曾在此扎营，所以又称老营宫。

沿神道而上有一座纤巧玲珑的道院，内有磨针井，殿前立有碗口粗的铁杆两根，这就是传说中真武受老妇感悟立志修道之处。

太子坡风景区，风景幽深，景点众多，一些殿、宇等建筑都是按真武修道的传说而精心建造的。这里下临深壑，涧水潺潺。过了复真桥，只见复真观的门上有"太子坡"三字，相传真武修道是住在这个山坡上的。

复真观依山势建成，有一五层高阁，被称为"一柱十二梁"，即用一根木柱支撑十二根横梁。这座独特的木结构古建筑，历经几百年风雨，至今依然挺立，是我国古代建筑艺术的一大奇迹。站在最高处的太子殿上，可俯视深渊，纵览群山，远眺金顶，气象万千。

过了复真观，回旋上下十八盘的千级石坎，便到剑河桥。桥下的九渡涧是山中流泉汇合而成，两岸景点很多。过桥之后，沿溪涧可到达紫霄宫。

紫霄宫是武当山保存最完整的宫观之一，数百台阶层层叠进，步步升高，显得紫霄宫如在九天云霄之上。紫霄殿深宽均为五间，重檐九脊，翠瓦丹墙，殿内供玉皇、真武、灵官诸神。

紫霄宫之上便是南岩。这里山岭奇峭，林木森翠，上接碧霄，下临深涧，是武当三十六岩中最美的一岩。南岩宫是一座石殿，临绝壁而筑，凭栏俯视，深渊不可见底，山势十分险峻。

秀冠五岳数衡山

衡山坐落在湖南衡阳市以北，湘江之畔，自隋文帝下诏后被封为南岳。衡山七十二峰，均朝一处方向倾斜，南缓北陡。主峰祝融峰昂然天外，如同鸟首。众峦伸展如翅，跃然如飞。群峰常隐伏于云雾弥漫之中，常给人以云移峰飞的感觉。五岳之中，又数衡山的植被最为茂盛，满山上下叠翠堆绿，故有"五岳独秀"之誉。

相传虞舜南巡，即在衡山行祭望之礼。隋唐五代及元、明、清历代帝王都曾遣使祭山。特别是南宋时，四岳都沦于金，唯南岳独存，使其更为南宋朝廷和臣民所重视。宋徽宗特题匾"天下南岳"，至今镌刻在山门的牌楼上。

南岳主峰祝融峰海拔虽只有1290米，但由于烟云的烘托和群峰的叠衬，构成了"万丈祝融拔地起，欲见不见轻烟里"的雄姿壮态。

从山麓的南岳镇至祝融峰全程15公里。山麓的南岳大庙背靠赤帝峰，前有春水洞、清水河环绕左右。南岳大庙与泰山的岱庙一样宏大，并称于世。大庙周围有城墙和角楼，共有九进大殿，东有八观，西有八寺，是道佛合一的宫殿式建筑群。

衡山多泉、溪、潭、瀑等水景，其中最令人叹绝的是位于紫盖峰下的水帘洞。水帘洞古称朱陵洞，相传为道教朱陵大帝所居住，因此被道教封为三十六洞天中第三洞天福地。水帘洞之上的瀑布倾泻而下，宽约十米，深约百米，真是"洞门千尺挂飞流，玉碎珠帘冷喷秋"。由于石壁之间有一横石塞其间，因而折成上下两段，溅起水花如喷珠吐玉，以至二十多米距离以内烟雾纷飞，在阳光照耀下，现出绚丽的彩虹。水帘洞的奇观异景，吸引了历史上无数文人在此流连诵吟。洞壁上保存了大量唐宋以来的石刻题词，如"南岳第一泉"、"飞琼溅雪"、"高山流水"、"夏雪晴雷"等。

　　衡山自古以来吸引了许多学者名流登临赋诗、著述、讲学。宋、明、清各代均建有不少书院，使衡山又成为一座文化名山。如今的衡山，盘山公路环绕全山上下，在五岳之中是唯一可畅通汽车的。衡山"五岳独秀"的风采，也是其引人入胜的关键所在。

石窟宝库麦积山

　　坐落在著名的丝绸之路上的麦积山石窟，与敦煌莫高窟、大同云冈窟、洛阳龙门窟并驾齐名为我国的四大佛教石窟，成为闻名世界的艺术宝库。

　　麦积山在甘肃省天水市东南三十多公里处，是秦岭山脉西端小陇山中凸起的一座孤峰。山峰高140米，呈圆锥形，如同农家堆起的麦垛，故名麦积山。这里既有峰峦雄伟的西北风光，又有密林清泉的江南秀色，名胜众多，古迹遍布，成为我国西北最著名的旅游区。

　　早在公元348-417年间的后秦时期，就有人在麦积山上凿石为龛，塑造佛像。以后历经北朝、隋、唐、五代、宋、元、明、清各代，都不断在此塑造佛像，前后达1500多年，终于建成了仅次于敦煌的我国第二大石窟群。它如同一颗佛国明珠在西北高原上熠熠闪光。

　　麦积山石窟的惊险陡峻，在我国的各处石窟中是罕见的。石窟开凿在距山脚几十米高的垂直石壁上，大的宽30米，小的仅容一身；层层相叠，上下错落，密如蜂房，洋洋大观。洞窟之外，全靠架设在崖壁上的凌空栈道联结。人们攀上这蜿蜒曲折的栈道，须小心行走，不敢回顾，既觉惊恐，又觉奇妙，无不为我们祖先这种独具匠心和大胆的设计而由衷地感到敬佩。

　　唐朝开元年间，天水一带发生强烈地震，麦积山中部洞窟塌毁，使得原来是完整一座的麦积山分裂成东、西两崖。现在东崖上有洞窟54个，最高的牛儿堂，距山麓60多米，龛外有三尊大佛，巍峨壮丽。西崖上有洞窟140个，最高为天堂洞，距山麓70多米，构筑精巧。全山有大小佛像7200多尊，精美壁画1300多平方米，大多保存完好，成为稀世的艺术瑰宝。

　　麦积山石窟以泥塑为主，其艺术手法高超，为世间所少见。其中有数以千计与真人大小相仿的圆塑佛像，形态逼真，表情真实，衣饰服装无不再现当年的风貌。最大的阿弥陀佛有16米高，最小的影塑小佛仅10厘米，都栩栩如生，精巧细腻，令人赞叹不已。有的佛像体态丰满，端庄慈祥；有的交头接耳，窃窃私语；有的面含笑容，招手致意；还有许多聪慧虔诚的少年和天真的儿童形象。尤其难得的是，这些1500多年间逐渐塑成的佛像，成为一部中国历史的画卷，再现了各个时代文化、宗教、艺术、民俗的演化过程。麦积山石窟虽以泥塑为主，但也有不少石雕和壁画。这些精巧的壁画在我国各地发现的同时期作品之中，也都称得上是精品了。麦积山作为东方艺术的宝库是当之无愧的。

麦积山最大的建筑是七佛阁，建在离地面50米高的峭壁上，是我国典型的汉式崖阁建筑。人们在此可以凭栏远眺，若在此随手撒下花瓣，会随气流向上飘逸，凌空飞舞，蔚为奇观。人们到此都会高兴地试一试"天女散花"的情趣。

从七佛阁沿山径登上山顶，只见远处群山逶迤，层峦重叠，近处林木葱茏，百花争妍，泉清溪碧，真可谓甘肃小江南。顶上耸立一座魏文帝时修建的舍利塔，高约9米，亭亭玉立。麦积山经常云雾飘渺，恍如仙境，所以"麦积烟雨"自古以来被列为"秦州八景"之首。

悠久的历史、辉煌的艺术、绮丽的风光都令麦积山焕发出独特的魅力。这一切也正是麦积山引人入胜的奥秘所在。

莫干山下磨剑处

莫干山坐落在杭嘉湖平原上，是浙西天目山的余脉。莫干山的山势缓平，主峰塔山高仅700余米，它虽不及泰岱雄伟，也不如华岳险峻，但却以"清凉世界"著称，与北戴河、庐山、鸡公山并称为我国的四大避暑胜地。

相传春秋时期诸侯争霸，吴王阖闾想争夺天下，命令铸剑名匠干将、莫邪夫妇在3个月内铸成一对天下无双的雌雄双剑。干将夫妇到山林深处日夜炼铁，不料时限将到，铁水仍不肯凝聚。两人想起先师铸剑时，曾将一女子投入炉中而炼成利剑，莫邪担心王法无情，于是毅然投入铁水之中。顿时炉中红光万道，两柄利剑由此铸成，锋利无比，寒光逼人。雌剑取名莫邪，雄剑取名干将。干将满含悲愤，将雄剑藏匿起来，并把儿子托付给人，嘱咐儿子长大后要用此剑为母报仇。他孤身一人将雌剑献于吴王，自然因违王命而遭戮杀。此后，人们就把干将、莫邪炼剑之山取名莫干山。这也许是莫干山得名的原由吧！

盛夏季节，杭嘉一带经常炎热难当，然而莫干山上却气候凉爽宜人，游人上山常需带上夹衣，以备早晚穿着。莫干山真是避暑的好地方。

莫干山遍地绿树成荫，尤其引人注目的是到处是翠竹修篁的海洋。竹叶随风摇曳，山径两旁，竹林夹道，阳光从竹林中洒下碎金，一片幽静。莫干山是我国最大的毛竹产区，每当雨过天晴，这一片漫山遍野的竹海苍翠欲滴。即使秋冬来临，竹叶依然青翠。倘若雪花飞起，白玉青竹，煞是好看。

海拔600余米的荫山街，地处莫干山的中心。地势平坦，街旁楼房簇簇、别墅幢幢，都掩映在竹荫树丛之间。荫山街上，商店、饭馆、邮局、宾馆一应俱有，是山中的小城镇。早在鸦片战争以后，一些外国传教士和富商看中了这片竹深泉清的避暑胜地，纷纷在此修了别墅楼房。现在这百

115

余幢造型别致、富有异国情调的别墅都成了接待游客的招待所。

与荫山街毗邻的山谷，是莫干山风景最佳之处。沿石级下行，先过横跨淙淙溪水的荫山桥，不远就是荫山洞。洞虽不大，只是洞底一弘清水，汩汩有声。走进洞中，不觉凉意袭人。洞外有小路通达华厅，这是一幢二层垂檐琉璃瓦的建筑。顺山谷而下数百步，到达飞虹桥，桥上石柱上刻有陈毅元帅的题诗。

在此可见刻有"周吴莫邪干将磨剑处"的大石，两股溪水汇流于此，冲出桥下，猛然跌落二三丈，形成瀑布，注入剑池之中，随后又凌空而下注入剑潭，高十余丈，剑潭以下再形成一股短瀑，顺山谷而下。剑池飞瀑成为莫干山中又一胜景。

莫干山上的景点星罗棋布，婀娜多姿，无不引人入胜，使人流连忘返。

虎踞龙蟠紫金山

紫金山为南京地区群山之首，最高峰448米，因平地拔起，屹立于城东，显得格外雄伟。山上有紫红色的砂岩，在阳光照耀下显露出紫色，所以称为紫金山。

整个紫金山为浓郁的树木所覆盖。远望山顶之上，有一个个银白色的拱形屋顶，掩映在绿树丛中，在阳光之下熠熠生辉。这就是我国著名的紫金山天文台。在这里不仅可以参观我国古代一些珍贵的天文仪器，还可以眺望雄伟壮丽的南京城全貌。

紫金山南麓独龙阜玩珠峰下，是朱元璋的陵墓——明孝陵。长长的神道两侧排列着12对石兽、4对石人。整个神道呈弯弓形，与所有帝王陵墓前笔直的神道迥然不同。据说明孝陵下前方的梅花山是孙权和夫人的墓地，朱元璋建陵墓时，有人建议让神道笔直穿过梅花山，朱元璋不同意。他说："孙权也算是一个英雄，留着他给我看大门吧!"因此，神道就转了个弯。如今明孝陵内被一片苍松古柏所环抱，朱元璋和马皇后就合葬于宝城后的土岗之中。

自明孝陵沿山麓东行，在苍林翠海深处，坐落着举世闻名的中山陵。中国伟大的民主革命先行者孙中山先生，生前十分喜爱紫金山，常与他的战友来此游览。1912年4月1日，他在辞去临时大总统的职务以后来到这里，看到这里背倚青山，山水相依，气象万千，便感慨万分地表示，希望辞世后，能安息在这里。1925年3月，他在北京病重弥留之际，还念念不忘这一宿愿。孙中山先生逝世后，孙夫人宋庆龄及儿子孙科亲自勘踏此地，选择墓址。雄伟的中山陵于1929年春落成。

陵墓的正门上有孙中山的手书"天下为公"四个大字。碑亭中的石碑上镌刻着"中国国民党葬总理孙先生于此"，镏金大字，耀人眼目。从碑亭起，有290级花岗岩台阶直抵半山腰，气势雄伟。祭堂高耸在平台之上。站在平台上回首遥望，远山近水一览无遗，四周苍山一片翠绿，令人心胸开阔。祭堂外室内有孙中山大理石的坐像，栩栩如生。四壁上刻有镏金的《建国大纲》，为孙中山所著。祭堂之后是圆形的墓室，中为长方形的墓穴。墓穴上孙中山安卧的石像，令人肃然起敬。每日前来瞻仰的人群络绎不绝，不少海外华人和台港澳同胞都专程前来瞻仰。

据说三国时，诸葛亮来到江东准备与东吴孙权结盟共同抵抗曹操80万大军，路经今南京时，见北依长江天险，紫金山山峦巍峨似龙盘曲，石头山地势险固如虎踞江边，不由感叹，劝孙权在此建都。赤壁大战以后，孙权就迁都南京。从此以后，南京相继为东晋、南朝宋、齐、梁、陈各朝的都城。"六朝古都"的说法由此而来。

后来朱元璋建立明朝，在南京称帝。太平天国也在此建立革命政权，改称为天京。辛亥革命以后，南京又成为中华民国的临时首都。孙中山先生在此就任临时大总统。南京在中国历史上留下了璀璨的篇章。紫金山也如巨龙盘卧，阅尽数千年人间沧桑，满山留下悠久、繁多的历史古迹，成为享誉海内外的名山。

◎ 别有洞天 ◎

　　"洞"，大多数在山间的岩层中形成，但它却是地壳运动，特别是水运动的造化，千奇百态的地下溶洞，是水在地表内写的诗、画的网络图……

　　几十万年前，人类祖先曾经把它当作"房子"；千万年来，有了房子住的人类又开始到洞里去蹓跶，按他们的话说，这叫"旅游"……

善卷、张公、灵谷洞

善卷洞、张公洞、灵谷洞素有"江南第一古迹"、"海内奇观"等赞誉。

善卷洞坐落于宜兴市西南25公里的祝陵村螺岩山中,分上、中、下、水四洞,计三层。全洞面积约5000平方米,层层相连,洞洞相通,俨然一座石雕玉镂的楼宇。

来到善卷洞,只听流水淙淙声,再行进,才见一洞。洞门口兀立着7米高的粗状大石笋,称"砥柱峰",古称"小须弥山"。过砥柱峰就是中层洞穴大厅,这洞厅高大、宽阔、壮丽、深邃。两侧洞壁左为青狮所踞,右为白象占位,故称为"狮象大厅"。这一对青狮和白象是由钟乳石构成的,形态逼真。岩壁上镌刻有一副联句:"伏虎须弥当洞中,青狮白象拥莲台。"

洞顶是平缓倾斜的石灰、岩板,岩色锦秀,有青、白、黄、绛等色泽。周围凝结有碳酸钙,好像是宝石、珠翠、象牙和琥珀,把青狮、白象装点得雄伟高雅,表现得更神气,更有灵气。由"狮象大厅"向上有一石牌坊,上书"云雾大厅"。过此牌坊,顿觉闷热,一片雾气弥漫于整个洞厅。人到这里,如入云天。大厅内温度终年保持在23摄氏度左右。要比中洞的平均温度高出5-16摄氏度,比下洞的温度高出更多,所以上洞被称为有名的暖洞。暖热水汽与凉冷的洞壁相遇,常在洞壁上形成涓涓细流,汇成大小不同的池潭,如五叠池、娲皇池和盘古池等。

娲皇和盘古都是我国远古时代神话中的人物。相传前者能炼石补天,后者能开天辟地,创造出人类世界。这两个池,传说是他们当年时常沐浴的地方,池水晶莹澄澈,万古常盈。上洞中还有万古寒梅、倒映荷花、乌龙喷水等景点。

善卷洞的奇，更在下洞和水洞。下洞与水洞实际是一条小型地下河。水洞是下游段河道，水位适有提高，终年有水。下洞为上游河段，有水流流过。下洞狭长，有飞瀑跌泻，在洞口段，垂悬的钟乳石枯端都向外翘起，并因藻类生长呈绿褐色，如遇雨天，水大流急，在向下的盘旋道上，如波涛远闻，风雷隐作，金鼓齐鸣，万马奔腾。

下洞还是一个冷洞。冬天，夜间冷空气顺山坡下沉到下洞内，因冷空气难以从水洞快速排出，故下洞的气温比地面温度低好几度。每当初冬和晚春，上洞热融融，地面也未冰冻，可一到下洞，突觉寒冷，洞口的钟乳石顶端的滴水往往成冰柱凌，上洞和下洞成为冷热不同的两个世界。同时还可见到有不少巨大石块粘贴在不同高度的洞壁上，又有不少河流卵石镶嵌在这些巨石之间，这些都说明下洞是在河水的冲蚀和岩石的崩坍作用下形成的。

水洞是一条长120米、宽6米、深4.5米的地下河。洞顶和洞壁均为石灰岩石，水中可以行驶游艇。水道弯曲，岩壁厄兀，船行其中，灯光倒影，奇幻异常，水石难分，颇感惊险。船至出口，骤见天地，有"豁然开朗"碑刻竖于口部，道出游人的感受。

前水洞与下洞之间是不沟通的，有水洞潜着白龙之谜。传说唐朝的昭义节度使曾择善卷洞附近的碧鲜庵读书，一天早晨起来，见一条白龙从水洞中游出，龙头朝向洞口，呼吸着天地灵气。节度使看罢，便向皇帝奏称为神龙出现，必是天子祥瑞，故善卷洞内旧时有节度使对善卷奏称的"万古灵迹"的题石。

张公洞与善卷洞相距不远，张公洞位于东，善卷洞位于西。张公洞被誉为"海内奇观"，坐落在宜兴市西南的盂峰山中，距市区22公里。

张公洞之所以吸引人们，不仅有神奇的传说，还在于它洞中有洞，大洞套小洞，大小共有72个洞，洞洞有传说，洞洞有奇景。主洞左盘右旋，洞口通天。仔细分可分为前后两洞，各有一个大厅。前洞大厅旁有一个深不可测的石海，穹顶如高山屋脊，四周怪石嶙峋，气势磅礴。以往这里有神台佛像，古时称海屋道场，现改为海屋大场。由石级转登高，过一拱门，就到后洞"海王厅"，这是全洞的精华所在。

海王厅像一个非常高大的海底龙宫，穹顶云雾缭绕，阳光从天窗射入，更使洞内缥缈无间，可惜顶上和其他地方造了一些假的景物，失去景观的和谐和自然。然而许多小洞，洞洞相通，上可通"天"，下可通"地"，有盘肠洞、盘丝洞、七巧洞等。

洞中有洞，是因为张公洞的形成与众不同。张公洞原先是一个发育在地下的大洞，后来由于洞顶的岩层太薄，重力影响发生塌陷，崩塌下来的大石块就堆在洞的一侧，同时相应形成一个塌陷天窗，即目前的出口，故一侧为大厅，一侧为乱石堆。这个乱石堆内的空隙彼此相通，人可以钻来钻去，就成为所谓的小洞。就是这种石缝和孔隙，人在其中弯曲摸索，跌打滚爬，显得格外神奇。

在曲折的石隙洞道中有一处稍宽，内有一块几米见方的平坦石块，倒悬于洞顶，其中裂隙经纬相交，似一个线络清晰的石棋盘，人们称此处为"仙人下棋"。

传说曾有一个青年樵夫，误入此洞，见两个老翁相对而坐奕棋，樵夫称奇而静立在旁观看。一局棋终了时，老人回头见了樵夫，惊问他从何而来，并命他速归。樵夫出洞后，寻旧路返家，见村庄墟落已经大改旧观，且无人认识他，他惊异地说出自己的姓名。村中年长的老人说："记得幼时曾听长辈说，昔日，有一个青年人山砍樵未归，至今杳无音讯。"樵夫听了惊愕不已，原来他在洞中一日，世上已过百年。

灵谷洞位于江苏省宜兴市的阳羡茶场境内，距市区30公里，总长1200米，面积8100平方米。灵谷洞以洞中有山、绚丽多姿、博大精深见长。该

洞洞身幽邃，景物奇妙，岩色丰富，人们竞相赞美，因而驰名遐迩，誉为"灵谷天府"。

阳羡是当年盛唐时期生产贡茶的卷画溪，目前有2000多亩茶园。茶园四周翠竹成荫，山上树木葱茏，流水淙淙，幽雅别致。再向前，"灵谷胜地"的石刻巨石映入眼帘，这便是灵谷洞境内。入口处掩没在一片苍翠的竹林深处，出口处在灵谷山的半山腰。洞中有六个大厅，各具特色，可谓千姿百态，变幻莫测。

一进洞府，便觉得扑朔迷离，景色奇异。踏上天桥俯视，只见石崖陡峻，飘飘欲仙，桥下深黑幽幻，垂深约15米。开发洞景时，在此曾出土过古脊椎动物等化石，其年代是已距今几万年前的更新世晚期。穹顶有一菱形乳石光彩夺目，称为"天府菱玉"。第一洞厅面积较小，其中小洞频生，洞中有洞，过道尽处，有一个仅高40厘米的石缝，俗称"蟹洞"，未开发前，游人须匍匐爬行方能通过。其两旁有许多只有河流才能搬带来的砾石、卵石和砂土层，层层叠叠，显示了灵谷洞为地下河塑造而成的特点。现虽另辟通道他去，但仍保留着"蟹洞"的原貌。

第二洞厅的景物布局严谨，却小巧玲珑，吸引游人。厅中钟乳石层次分明，石色鲜艳纯朴，有万古灵芝、孔雀石泉等景观，瑰丽异常。在洞壁还可见流水、波涛、雪山、飞云等微小景物，衬托大厅美景。

第三大厅最大，是最低的洞府。洞厅上巨岩倒挂错落，像断壁欲倾，又似山嶂将坠。石壁上有一泓清池，为五条天河河水汇集，七条伏流相交，水清见底。相传这池水是灵谷仙姑当年沐浴的地方。

第四大厅景色最优美，为灵谷洞之精华所在。洞底见一道石瀑自穹顶喷射而出，直下洞底，如长虹垂地，訇然有声。瀑布四周，云雾浮动，水汽弥漫，气势磅礴。

第五洞府称"水晶宫"。厅内长满形形色色的石笋，或长或短，或敦实或瘦长，想象所至，皆成形物。洞顶布满了由岩流沉积而成的钟乳石，似云锦般美丽。有的钟乳石是由结晶的方解石构成，闪烁发光，像夜空繁星在眨眼。整个洞厅如西方极乐世界的雷音厅，天空悠静而星光点点，厅内大小千佛聆听释迦牟尼讲经，聚神凝思。

第六大厅的穹顶高似天庭，这里钟乳石高悬，大小不等，形态各异，

名山异洞

若人形物象，若飞禽走兽，若花木草竹，不一而足。灵谷洞内林林总总的钟乳石造型，龟蛇虎豹、马牛羊群、山村黎明、流水飞瀑、男女老少等构成了一个生气蓬勃的世界。

出了灵谷洞，站在山间半腰，远可眺太湖，天水一色；近可俯视竹海茶园，层峦叠翠。在林荫山径尽处，可见百尺摩崖，气势磅礴，这就是"灵谷天壁"的圣景。

由灵谷洞向西南行驶不远，还可以游玩西施洞和慕蠡洞。相传越王勾践听谋士范蠡计灭吴后，范蠡偕同西施出游，隐居太湖，并到这些洞穴作游憩，后人为纪念他们而取此名。西施洞石色丰富优美，景观奇物壮丽，妙于飞泉惊鸿，雅在桑田飘彩，幽幽深府，积三春之翠，纳九秋之凉，具武陵仙源的独特景色。

慕蠡洞又名牟尼洞，洞内钟乳石宛如旌幢羽盖，如金似玉，千姿万态。伴以溪水涧流，洞内泛舟，洞外石林突兀，悠然若神仙行云。灵谷洞以博大精深为奇，而慕蠡洞则以曲折泛舟称绝。

"地下龙宫"蓬莱洞

　　蓬莱洞又名蓬莱仙洞，位于安徽省石台县城东9公里处，洞体全长3000多米，分天洞、中洞、地洞和地下河四层结构；内有迎宾厅、探海长廊、东海龙宫、玉蟾宫、银河长廊、南海等游览点，总面积达2万多平方米。

　　洞内钟乳石累累，绚丽多姿。洞府仙景，神奇幻幽；奇特景观，得天独厚。洞府具五大特点：一是宏伟壮观，气势磅礴；二是景色奇丽，引人入胜；三是结构复杂，道路崎岖；四是空气新鲜，干湿适宜；五是温度宜人，四季如春。此洞还以巨幅山水壁画、白色透明的罗纱帐、碧玉般的石花、洁白晶莹的天丝"四绝"著称。

　　蓬莱仙洞的原洞口不大，朝西向上而仰，直2米，故有"夕阳光明，五彩烂然"之感。洞内景观奇特，洞外山清水秀，内外景致交融，令人陶醉。相传蓬莱仙子偏爱这里的旖旎风光，才移居于此。她在洞内指石为物，将洞府装点得如同仙境琼台一般，蓬莱仙洞也就因此而得名。

　　一入洞门，就是迎宾厅，有钟乳石形如"八仙"和"神狮"。八仙各显神通，纷纷渡过波涛险恶的大海。其旁有地下水逐渐干涸而凝积起来的钟乳石，形似"神狮"，抖动着缕缕青丝，手舞足蹈地迎接贵宾。

　　从迎宾厅入地洞，可见一条弯曲狭长的廊道，长达800米，狭而陡峻，是由水流向下溶蚀时所形成的狭谷，称为探海长廊。在长廊内有三岔口、古栈道、铁板桥以及小龙潭等景点，其中闹海金钟最为奇特，它高8米，周长21米，形如洪钟。

　　经过400米长的"探海长廊"的地洞后，就可以进入最低层的地下河。地下河的总长度约1000米，一直通到入洞口的左侧，其中有景点"白龙潭"和"古栈道"。古栈道位于地下河之上，是早期地下水冲刷和溶蚀岩石而成的沟槽，沿洞壁分布，形似陡壁栈道。沿着栈道，经过铁板桥，又可回到地洞口。在地洞口与中洞交界处，有景物莲花台、华盖伞、东海龙宫和一线门。通过"一线门"进入"东海龙宫"，再就是一条通往天庭的大河，称通天河。它长达数十米，河道盘旋曲折，两侧波光粼粼，原来是一股地下水飞泻直下，冲击溶蚀而成的。

经过"南天门"，离开中洞，就上到天洞中。天洞是1984年开发时发现的。在南天门口部有螺旋形的石笋挡住去路，此景点称"神螺锁天门"。钻过天门，登上天堂。满眼所见为"金光万道滚红霞，瑞气千条喷紫雾"，这就是玉皇大帝居住的"通明宫"。通明宫长48米，宽30米，高20余米，总面积1400多平方米，是蓬莱仙洞较大的洞厅之一。中间直立一大石笋，形似擎天玉柱，全身金雕玉琢，十分华丽。这通明宫中有太白金星府，其府门前上面悬挂着各色各样、大小不一的宫灯；有灵霄宝殿，中间是玉帝，后面是黄伞，前面是一座御香炉；在灵霄宝殿外围为各路神仙驾着祥云来朝见玉帝，所以称"群仙朝玉皇"，气势恢宏，神态逼真。

穿过30米长的长廊，可达迷仙宫，实则是迷宫状洞穴。共有五个洞口，其间曲折离奇，主洞中有支洞，大洞套小洞，洞洞相通。迷仙宫的形成是因为原来在地壳形成中，岩层与岩层之间有缝隙，而地壳运动又受挫动而产生断层和裂缝，地下水沿着地层间隙流动，就溶蚀成东北向的支洞；主洞与主洞相交处，就生成了大厅。在迷宫洞内可见一幅13米长的立体山水壁画。它是洞壁的崩塌堆积物，后经过碳酸钙凝结和在长期风化过程中受到一定剥落的结果。这是蓬莱仙洞的第一绝，是一般洞中见不到的。壁画上有千年峰、五福峰、芙蓉峰、黄山和峨嵋山等山形，形态逼真。

再前即为"广寒宫"，行人到此，看到一片冰天雪地，给人以寒冷悚然之感。这是蓬莱仙境的第二绝，绝在方解石结晶体的纯度极高，绝在洞顶水流形成激流漩涡，形成螺旋上升的奇特大厅结构。

过迷仙宫，就到银河长廊。银河长廊全长200多米，洞体雄伟壮观，星光闪烁，横贯天际，人称"天河"。洞床平坦宽阔，沿途景色秀丽。长廊尽头，是一个由水流带来的堆积体，再向上就是蓬莱仙洞中景色最美的洞厅，叫"王母瑶池"。其中有紫竹林，下面是仙笋林立，前面是洁白如玉的透明的方解石结晶。这是蓬莱仙洞的第三绝。这种晶莹透亮的盾状钟乳石，是鲛绡天丝形成的罗纱帐。瑶池是圆形边石坝体，坝边洁白如玉，如宝石镶嵌，结构精巧，玲珑剔透，池中滴滴玉液，清澈透底。瑶池的位置在蓬莱洞最高处。岩石中渗出的含有碳酸钙的地下水，首先在此凝析出碳酸钙，这种纯洁的碳酸钙体经结晶变成方解石，洁白无瑕，形成罕见的瑶池仙境。

"南海"和"潮音殿"也很奇特。南海的钟乳石特别长，高约20多米、长17米、宽约6米的钟乳石从洞顶悬垂，形似巨型牙雕，雄伟壮丽，结构奇特，妙趣横生。下面为众多高矮不一的石笋，样子极像"五百罗汉"及"二十四神"，由此构成一座"千佛山"。其中有云盘一座，四周镶嵌方解石，中间一石笋，兀立中盆，极像南海观世音菩萨。

蓬莱仙洞气势磅礴，千姿百态，使人们充分领略到了地下山水的风采。

富春江畔的瑶琳仙境

　　瑶琳洞又称瑶琳仙境，位于浙江省桐庐县分水江畔至南乡洞前村的骆驼山北麓，离县城23公里，距杭州85公里，是一个规模恢宏、景观壮丽的地下世界。

　　瑶琳洞风景区的面积约9平方公里，由仙灵洞、瑶林洞、神仙洞、叶板洞、石板洞和无名洞等11个洞穴组成，加上3公里长的地下河，形成一个以瑶琳洞为主体的洞穴胜地。

　　瑶琳洞发育在古生界上石炭系黄龙灰岩、船山灰岩和下二叠统栖霞灰岩中，石灰岩呈西南东北方向延长，并向西北方向倾斜，倾角约为30-40度，受东北和西北两组断裂线控制。洞口向北为一竖井。瑶琳洞洞道全长约1000米，面积约2.8万平方米，分六个洞厅。地下河长达2500米。洞内有30多个景组，140余处景点。在六个洞厅中，最大的是第三洞厅，面积为9400平方米，长约170米，宽40-700米，高10-37米。其次是第一洞厅，长135米，宽处55米，最高处为33米，面积为4400平方米，最小是第六洞厅，面积为1800平方米。所以瑶琳洞是浙江目前发现的最大洞穴。

　　瑶琳巨大洞厅的形成是由于洞顶和洞壁崩塌产生的，因而跨度很大，洞顶呈穹隆顶，底板堆积大量崩塌物；崩塌物大者达40-50立方米，一般为0.5-1立方米，特别是第一、二、三、四、五洞厅。同时该洞是多层洞穴，目前底板为地下河的顶板。地下河水的冲刷与搬运，使地下河的顶发生塌陷，形成洞内洼坑。如第二洞厅长110米，分布有3个洼坑，每个洼坑的直径约15-120米，深度为10米以上，洼坑的底部就是地下河的露头。由此，瑶琳洞的底床是起伏不平的。

　　瑶琳洞以雄、深、奇、丽的特色闻名于世，吸引着无数游客。其堆积物种类很多，且各具特色，如钟乳石最丰富的百景厅，仿佛是无数的莲花，有的含苞欲放，有的花蕾盛开，有的单朵，有的并蒂，也有重瓣，惟妙惟肖。

瑶琳洞的第一洞厅以"仙女集会"为全洞厅画面，宽旷的大厅内，大大小小的石笋和钟乳石散落在各个洞段，有的翩翩起舞，有的凝思神立。有一侧的石瀑布，如银河落九天，其下有池，水影瀑面，显得奇雅秀幻。

第二洞厅地形崎岖，峡谷幽深，卧石林立，仿佛进入苍苍雪山，高山险壑。该洞有"聚狮厅"，坐落着46只石狮，它们大小不一，形态各异，或立或坐，神态逼真。

第三洞厅规模宏大、壮观，是瑶琳洞中最大的洞厅。也是浙江目前所发现的第二大洞厅。厅内石笋漫天遍野，层层叠叠，林立丛生，形态更为多姿。"瑶琳玉花"、"瑶琳玉峰"，构成"三十三重天"、"五十三参"的万佛图案和天庭宫阙。这"三十三重天"，如画，似诗，像梦，虚无缥缈，只能意会，不可言传。

第四、五、六洞景与前三个洞相比，显得稀少些，因而已将这些洞厅改为"神仙世界"的游乐宫。

瑶琳洞位于以风景优美而著称的富春江畔，无疑是锦上添花，美上加美。

清风霭云灵栖洞

灵栖洞位于杭州市189公里处,灵栖洞天由12个溶洞组成。目前人们所指的灵栖洞天,即为"灵泉"、"清风"、"霭云"三个已开发的自然洞群。

灵栖洞天是兼有"灵泉幽深"、"清风精巧"、"霭云宏伟"等特色的天然岩穴,是融洞奇、水清、风凉、石秀为一体的风景游览盛地。所以它具备并概括了浙江著名洞穴的许多特长。

灵泉洞,洞水盈盈,可轻舟荡桨,经九曲五潭入水晶宫;清风洞,玲珑剔透,洞口凉风喷涌,寒气袭人,有六宫三十六景;霭云洞,云气袅袅,蔚为奇观。人们游罢此洞群,有一种美的享受,亦可忘却各种烦恼,荡涤自贻伊戚,既慰藉心灵,陶冶情操,又振奋精神。

灵栖洞天环境优美、清新,林木葱郁,洞景幽奇,被看成为世外清逸高雅居士栖居之处,故有"仙灵栖止"之誉,遂取名"灵栖洞天"。

灵泉洞为一水洞,地下河河道长300米,河水深平均1.2米左右。河身曲折幽深,景色神奇古朴,水质清澈甘冽,经测定,含多种对人体有益的矿物质。全洞自然景观有九曲、五潭、一宫。九曲为石山灵笋、泉中异花、通幽古道、玉树琼花、黄龙戏水、水獭跳涧、葫芦口、龙潭峡、咫尺云天等河曲,五潭为鱼跃潭、落英潭、日月双潭、古龙潭,一宫即是水晶宫。

相传灵泉洞为一方民众天旱时祈雨的龙潭,泉水被视为圣水。每当大旱之年,民众举行祈雨仪式,并进洞取水求雨。第三曲径的通幽古道,即为古人进出龙潭求雨必经之路;第五曲径的黄龙戏水的石坎上,原来留有浓墨书写的"取水上坎去"五个大字,作为一种路标;第八曲径的龙潭峡,有的地方水深莫测,似为神龙出没处,民众以此潭取水为神水。

水晶宫是一个面积为600多平方米的地下湖泊，宫顶高处距湖水面约19米，高大空旷，华丽宽敞。整个宫顶倒悬着琳琅满目、形状各异的钟乳石。有的像璎珞，有的似珊瑚，有的如朵朵莲花，有的为串串明珠，也有的犹似巨型天然浮雕，镶嵌天上，倒映水中，使人感到处于一个完整的"水晶宫"世界内。

霭云洞以奇著称。天将要下雨时，霭云洞口会冒出团团云气，高出洞口十几米，呈云柱状悬浮在洞口，远远望去，景色迷人。冬春季节的清晨在朝阳照耀下，亦有云气缭绕于洞口之上，因为天降雨时，地面大气的压力将会减小，而洞内受影响不大，故含水汽的高密度空气冲上洞口，呈云柱状；冬春时晴天上午，朝阳刚露，地面空气较冷，密度较大，而洞内空气相对较暖，密度较小，地面冷空气往洞内沉降，迫使轻而湿暖的洞内空气上升洞口，与洞外低温度空气相遇，湿暖空气凝结成雾体，如云霭袅袅飘荡于洞口上空，形成奇观。

霭云洞面积有6000多平方米，游程可达360米，洞厅宏伟壮观，为三洞之冠。景观丰富多采，形象最为动人。在"天外仙境"处，晶莹闪烁的钟乳石，连绵天际，峰峦峡谷，清泉汩汩；在石磬上，仅弹指轻扣，则磬声嗡然，余音萦绕，平添一股神秘飘渺的感受；在银光四射、清绝幽深、楼台隐现的"广寒宫"中，依稀可见嫦娥起舞、吴刚伐桂、玉兔捣药的天上宫阙。

霭云洞中夺目盛放的金银石葵花，直径计一米，杏花色、银白色的大花瓣，由沿边向外翻卷，大如蒲扇，瓣边千裙百褶上洒有似未滴尽的晶莹露珠，其内生长着密集的葵花子，栩栩如生，真佳景也。

定海神针，实为一纤细石柱，直径不及10厘米，高却达7米，上顶穹顶，下挂地面，修长挺拔，笔直而不折，使观者赞叹不已。这天然石柱的生成，乃是过饱和的碳酸钙水，从洞顶裂缝中渗出，由于环境的改变，在洞顶和洞底同时生成碳酸钙，彼此不断生长，久而久之，两者相互衔接而成。

根据研究，灵栖洞天处于浙西褶皱带的石屏向斜区内。在漫长的地质历史时期内，它处于浙西北拗陷的浅海环境，在距今3亿年前至2.8亿年前沉积成炭岩，地层厚度大，灰岩质地纯，再加上后期多次地壳运动的作用，使石灰岩内形成众多断层、节理和裂缝等。

地表降水就沿着这些缝隙渗入地下，并相互聚合而成地下河，溶蚀石灰岩，生成巨大的千疮百孔的洞穴。脱离地下河水面后的洞内，经受由地表下渗的含碳酸钙水的沉淀作用，便生成千奇百怪的碳酸钙体，组成了天造地就的"地下艺术宫殿"。

"上下通水" 孽龙洞

孽龙洞距江西省萍乡市区15公里，位于佛教圣地扬歧山下，是一个天然的石灰岩溶洞。

孽龙洞的灰岸上部古生界二叠系栖霞、茅口灰岩，岩石纯而厚，为浅海滨海沉积。沉积后，受历次地壳的变动，最后抬升为陆地。地壳变动时，岩石形成了断裂和褶皱等构造，地下水沿着岩石的层面和断裂等裂缝流动，不断溶蚀石灰岩，从而产生洞穴。

当孽龙洞的雏形生成后，它就变成为这一地区的地下水主要流动通道。洞穴附近地下水和地面的降水逐渐向这一地区汇集。随着水量的不断增加，地下洞穴溶蚀和冲刷力也加大，以致形成一条地下河，地下河的上游因发生崩塌变成了地面河，由外流域来的地面水和地下水都一起归入孽龙洞。

这种洞穴在科学上称之为外源水地下河洞穴，它的特点是：洞道比较顺直；堆积较多，而且含有大量非灰岩的砂砾物；水位变幅较大，河流堆积物在洞内分布的位置较高；还由于长江中下游地区近几万年来的气候有变动，洞内多沉积有以暴雨为特征的灰华堆积物。孽龙洞就是这样以外源水为补给来源的地下河洞穴，因此，洞内和洞外也多有瀑布。

这种洞内洞外的瀑布景点，增添洞穴景观的不可企及度、奇特度和精神震慑度，更增游人的游兴。

孽龙洞主洞全长4000米，洞道蜿蜒曲折，溪流相间，水随洞转。洞内厅廊相连，最大的洞厅高30米，可容千人。石笋、石花、石幔、钟乳石、石柱玲珑剔透，千姿百态，兼静赏动观之妙，赋形象思维之乐，形成蔚为奇观的地下艺术长廊。

洞内主要景点有："蓬莱仙境"、"雨打芭蕉"、"仙女池"、"倒柳垂杨"、"冰山雪莲"、"石花池"、"千丘田"、"洞天飞瀑"等。尤其是"洞天飞瀑"一景，似银河倒泻，倒注潭中，是国内溶洞所罕见的奇观。

地下伏流腾龙洞

  腾龙洞位于湖北省利川市东北6.8公里处，是我国目前已发现的洞穴中最长的石灰岩溶洞。经过实测，它的总长度为39公里，其中旱洞长22公里，水洞长16.8公里，估计腾龙洞穴系统总长度将超过70公里。该洞经初步实测洞长居世界排位第25位，如果再将水洞全部实测，将可进入前20名。

  腾龙洞是湖北境内第三大河——清江上游的伏流河段。清江流经利川市境内，进入号称卧龙吞江的落水洞中，猛跌30米，浪沫飞溅，响声震耳，一条奔腾不息的大河就这样潜入地下消失了……经过直线距离十几公里后才重新出现。

  而地下伏流弯弯曲曲，变化多端。其中有的是奔腾飞泻的瀑布跌水，有的是险象环生的激流浅滩，有的是水波不兴的地下平湖。地下河岸或为悬崖，或为绝壁。洞体突然变小，忽又宽敞，有的洞穴失去空间，只有涡流。

  这样一条巨大险恶的地下"腾龙"，自20世纪80年代初以来，引起了国内外有关人士的关注，特别是旅游探险者。因为在洞穴探险上，特别在潜水洞穴探险方面，腾龙洞尚是处女地，也是最好的洞穴之一。其支洞之多，是其他洞穴所不能比的，而且它的每个支洞还可以再探出新的洞穴来。

  目前腾龙洞的奥秘尚未被全部揭开，伏流洞真正弄清的主流部分仅四分之一。它依然严守着自身的奥秘，等待着更多的探险者和科学家到达地壳深处的迷人世界去探险、遨游，以揭开它的面纱。

  如果采用模糊数学的质量综合评判法，比较全国几十个重要洞穴的自然景观价值，那么腾龙洞在某些方面能超过贵州织金洞，全面超过湖南桑植九天洞和浙江瑶琳洞等。腾龙洞在今后相当长的一段时间内，将始终占据中国洞穴的前茅。

腾龙洞之所以博大精彩、深邃奇特，当然也与它所在的地理位置、地质条件有关。腾龙洞穿越的石灰岩质地纯、厚度大。碳酸钙含量大于98%，不溶解的物质少于1%，有利于形成大的洞穴系统。

加上地壳运动较强烈，并发生间歇性抬升，促进地下水的急剧活动，加速洞穴的发展。洞穴地处鄂西高原向鄂西山地过渡地带，主洞入口处正是利川盆地边缘地区，盆地汇集的水，集中在此流向区外，更兼这里具有丰沛的雨量、较高的年平均气温。如此种种有利条件，形成了这样举世瞩目的巨大洞穴系统。优美、奇异的景观，凶顽、险峻的地下世界，将吸引越来越多的旅游者和探险者来此进行观光和探险活动。

九嶷山上紫霞洞

紫霞洞位于湖南省宁远县九嶷山境内，又名重华岩。"重华"是舜帝的名字，4000多年前黄帝八代孙有虞氏舜帝南巡时，曾游此洞，因而得名。此岩每当雨过天晴，阳光覆照时，岩口闪射出阵阵紫色的霞光，所以被称为紫霞洞。

九嶷山属五岭山脉，纵横100公里，南接罗浮，北压衡岳，九峰矗立。舜源峰最高，居于中，娥皇、女英、桂林、杞林、石城、石楼、朱明、萧韶八峰挺拔而起，如众星拱月，争相簇拥。山中多洞穴，即紫霞、飞龙、碧虚、白马等洞，其中首推紫霞洞最大，洞景最佳。

紫霞洞外洞雄伟壮观，一层层紫红、黄绿色砂页岩构成洞壁和洞顶，经阳光照射，紫光灿烂夺目，好似天际瑰丽的晚霞。

由外洞进入内洞的口部，是风洞和雨洞。再穿越唐宋诗厅向内，迎面见到一大片钟乳石和石笋，组成一个"森林的世界"。有的如芭蕉扇，有的如钻天杨，其中最奇的是雪压塔松：一棵塔形的松树，矗立在群树中间，其顶部树冠却是一片白色的乳石，成为晶莹白雪压住青松。虽雪花无融化之时，但青松却要世代存活下去，可见青松的傲骨和反抗的精神，不愧是浩气长存。

经过森林的世界，向前不远，就到了"试剑石"处，只见一根高大的石柱一截两段。相传4000多年前，舜帝南巡来到紫霞洞，他试验宝剑是否锋利，就对准大石柱一剑下去，石柱被斩为两段，而宝剑却完好无损，留下了这块"试剑石"。其旁有几株果树，其下有一石笋形如老鼠，该景点定名为仙鼠偷桃。桃树下有坟状石笋，传说就是舜帝寝陵，其旁一位老人，正跪在陵前祭祀。

再向内为水晶宫，是紫霞洞最大的洞厅。由于这里岩层平缓，地下水沿着层面溶蚀扩大而生成这个大厅。在洞顶和洞底长满各式各样的沉淀物——虾鱼龟蛇、狮象虎豹、马牛羊鸡、四季瓜果，几乎无奇不有、无物不存。

更令人叹为观止的是"海螺"和"乌贼"，形象逼真。它们停留在水晶宫内已有千年万载。

这个大厅不仅显示那些似龟若猿的石形的灵气和美意，而且更体现这些沉积物的本性和画意，即山石姿态之美和古今名画的艺术情趣相融合，使人浮想联翩，犹如进入海底水晶宫一般。

九嶷山山色独特、秀丽，早已闻名于世。在2000多年前的马王堆出土的文物中，就有九嶷山舆图一帧，山脉形势与走向均与真山真水相似。

九嶷山以舜源峰最高，海拔1822米，登上三峰石可极目远眺，有千帆竞扬、奔腾而来之势，有万里江山朝九嶷之佳话。真是诗情画意，美不胜收。

七星洞天千年诗

　　七星洞天为广东省肇庆市七星岩国家级风景名胜区主要景区。七星岩由七座石灰岩石峰组成，因布列如北斗七星而得名。风光秀美绮丽有桂林之山、杭州之水的美誉。七星洞天系由石室洞、碧霞洞、鹿骨洞、钟鼓洞、双源洞、出米洞等8个洞穴组成，它们大小不一，形态各异。有的宽敞高大，呈穹隆状；有的蜿蜒幽深，藏而不露；有的高洞四季温暖，为暖洞；有的脚洞阴冷潮湿，为冷洞。洞中多水域，或为湖，湖水平静清澈，微波荡漾；或为地下河，流水潺潺，水中鱼虾竞游，洞腹可行舟，犹如游览水晶龙宫一般。

　　石室洞是七星岩诸洞中开辟最早的洞穴，景物最多。进洞便是一个玉石大堂伸展在面前。千姿百态的怪石，千变万化的形态，好像伏虎奔狮、浮梁雕柱，翻腾激荡的波涛、巍峨高耸的群峰，迎面飞来，使人惊心动魄。其实石室洞中以水洞为主洞，洞内低于洞外，经过改造，洪水期再不淹洞，冬季保持水位，全年可游览。水洞长128米，水面积1125平方米，平均水深1.2米。

　　石室洞内有地下水面溶蚀和侵蚀形成的边槽两层，呈明显的石床状；洞顶有一条沿岩面裂缝溶蚀的凹坑，呈天沟状。石室洞因内有大的穹形大洞室而得名。室顶高达三十多米，下为湖水，向东直通黑岩，东南紧连副黑岩，西北为斗光室，上石蹬为璇玑台，璇玑台为洞顶崩落的巨石。台底高出洞底6-7米，平台顶豁然开朗，坐落于石室洞北口，高宽开敞。岩顶有巨型钟乳石呈凤形，探头向外，呼之欲出。

　　璇玑台的正南，横石为龛，有观音像，又称莲花洞。这里四壁岩石上留有唐宋以来许多诗人墨客的诗刻题字，琳琅满目，有四百余幅摩崖石刻，称为千年诗廊。石室洞的神奇，如同走入神话的世界。洞内有景点二十多处，其中有蜿蜒十余丈的石龙，鳞爪飞动而熠熠有光，前爪伸出，后腿蜷曲，势欲搏人。曲栏下一泓澄碧，彩灯照耀下的钟乳石，像数不尽的宝石琼花；耳畔石燕啁啾，石鼓咚咚，令人浮想联翩。

碧霞洞位于石室洞之西，洞底高出水洞，不受水淹，两旁钟乳石、石笋、石柱发育形态各异。它是七星岩最美最长的旱洞，全长180米。由于它发育于石峰边缘部位，有小洞外通，有光线射入，故也叫光岩。洞内的碳酸钙堆积物色白如玉，形成各种奇妙的景物，其中不少酷似瑰丽多彩、瞬息万变的云霞，倒映在清澈水池中，恰似碧霞映玉，发人遐想。进洞数步，有巨石如牛，首尾皆全，伏地昂首，凝望壁顶的一个天然圆穴，称金牛望月。再进左侧见云中有一仙女俯视人间，右侧有玲珑剔透、惟妙惟肖的"仙姑花篮"。此外有猛狮出洞、飞网捕鱼、倒挂莲花等景点。碧霞洞中段，北岩有一洞口，有明代石刻"龙潭深处，霖雨苍生"八字。再西行，蹬石级而上可到天洞。

鹿骨洞是碧霞洞的延伸部分，上通紫竹洞，光从顶洞射入，洞中景物历历在目。洞壁上有"石室洞天"四字摩崖。沿台阶而下，有龙潭，潭顶如穹隆，潭水清澈不竭。潭中夹有石龟浮沉水面，传说为潜龙化身。其上垂落有一透明的钟山乳石，如同玉帝云板，敲之铿锵有声。其左有明代观音像线条石刻，是七星岩线刻古迹之一，为精品，实在少见。

钟鼓洞位于阆风岩下，洞中有明代石刻"流霞洞"三字，洞底积水成池，岩顶滴水入地而叮咚作响，如钟鼓之声而得名。

双源洞位于阿坡岩北坡下，是典型的脚洞。在星湖建湖前，干旱季节，可见洞中有两条溪水汇合，向东流出洞外，故名双源洞。它全长320米，属冷洞型洞穴，夏季游人入洞，凉气袭人，暑气全消，与石室大岩下洞穴相似。此洞也是七星岩重要景点之一。东边洞口崖壁上有舒同的题刻"双源洞"。从此洞口乘船探胜，见有许多钟乳石，似禽如兽，形态逼真，富于形变。洞内有金豹饮水、神龟祝寿、龙凤呈祥、玉蚌含珠等十几个景点。

出米洞位于东湖东北部，四面环水，崖峭如壁，山上林木葱郁，禽啼蝉鸣。因洞顶有5米直径的天窗，故又称"敞天石洞"。天窗旁有一块石覆盖着，似坠不坠。光线从天窗射入，洞里清静明朗。洞中石笋很多，其中一石笋，酷似一人面北而坐，左掌下有一个光滑的小洞。传说明代建文帝曾于此洞避难，全靠由此小洞中每日定量流出的米充饥度日，后来建文

名山异洞

帝出走南洋，洞内和尚贪心，加宽出米小洞，结果白米不再流出，这就是出米洞的传闻。

　　宝光洞位于石室岩下水月宫东侧，原有的天然洞穴较小，洞顶有天窗与地表相通，因有光线透入而得名。

　　七星岩湖光山色，怪石溶洞，山盘水绕的自然风光招徕了历代文人墨客到此摩崖题名，作诗写词。也正因为有众多的文化遗迹点缀，使得七星岩更有灵气了。据统计，从唐至今有600幅镌刻作品，为七星岩增添了无限的情趣。

南国之宝蟠龙洞

蟠龙洞坐落在广东省云浮县（今云浮市）境内，距县城仅1.5公里的狮子山中。因石花很多而出名，所以又叫"宝石花洞"。

狮子山为一喀斯特溶岩的峰林石山，拔地崛起，错落在平田水塘之间。洞穴位于山腰，全长528米，洞底高出平原20米，与洞外的阶地相应，即今已上升为旱洞，而在下层发育出新脚洞，即今水洞，洞内水面与河外河面相涨退。两层之间，由落水洞相连大厅堂，即两层洞穴崩塌连通而成。洞穴形成于近百万年前，因洞内有两处发现剑齿象化石，据此推知形成时间。

近万年以来，洞穴成干洞，其内堆积碳酸钙类沉积物，全洞57景，多成于此期，滴水析出碳酸悬挂在洞顶成钟乳石，滴落在地面成石笋，上下连接成石柱，裂隙滴水成行则成石瀑布、帘幕等诸景，湿郁处成碳酸钙石花，因石花奇特为少见，故称"宝石花"。洞景奇丽，一步一景，五步换形，可说是集洞穴之奇观。

蟠龙洞于1983年发现，1984年开发，1985年正式开放。游览洞分为两层，上层洞为"天堂"通天洞，下层为宝石花洞室。洞内景点主要有：龙珠镇洞、海狮卷帘、龙母玉池、双龙出海等57景，各景奇丽无比，景随步移，路随景转，非常紧凑，所以有"神州奇葩"之称。从洞穴沉积物看，形态的品种齐全，无一不奇，无一不怪。

蟠龙洞中神奇的石花，即宝石花布满全洞，不仅有观赏价值，也具有科学价值。因为宝石花晶莹透明，剔透玲珑，珍珠色泽，玉质冰肌，同时又千姿百态，奇特瑰丽，这种宝石花变化奇幻，见气成石，无一定方向，四方节节开花。在我国，除河南省巩县石花洞等极少数洞穴有此种类型沉积外，很少见到这种雪白晶莹，似球非球，似针非针的形态和色泽的石花。

从石花的特点分析，它们是由三种化学沉积形态的花卉状组合体构成的，即方解石的钟乳石(核心)、文石质的石枝和方解石质与文石质的卷曲石等。最典型的组合结构是，以钟乳石为干，石枝为枝、为花，卷曲石为节、皮、蕾。因此它们的形成要有三个阶段：第一阶段是滴水形成钟乳石；第二阶段，在封闭的环境下，洞内没有空气的流动，处于十分宁静、气温恒定且略高时，由微压的水缓慢渗出，结晶沉淀生出石枝；第三阶段，由毛细水或由于气溶胶作用形成卷曲石。

蟠龙洞生成于大理岩内，而且有这么多景观景物，在国内外也是少有的。这种含有泥质条带的石灰岩，经过动力挤压变质而成黑白相间的大理石，一般来说，较难发育成大的溶洞。而蟠龙洞却经过复杂的发育历史，即经过饱和水溶蚀成洞、地下穿流成河和干涸堆积三个时期发育而成，所以具有科学普及价值和研究价值。

蟠龙洞地下河间歇性涌泉。蟠龙洞中的落水洞直落21米深处，是龙泉地下河，在景点"群龙布阵"处可螺旋而下，曲伸如龙，一年四季，龙泉滴水不断，泉水甘冽。其下的地下河，长560米，河宽8-10米，高10-30米不等。它是间歇泉供给河水，来水时，水浪滚翻，哇哇作响，冲刷河滩，过一会又静静回流石洞。

这里还是南方典型的"大熊猫—剑齿象动物群"古动物化石出土区之一。在洞内的"智人洞"中，出土古动物化石3000余件，分属6个目、25种属，有中、晚新世(距今几十万年前至几万年前)古动物群化石，其中还发现"智人"的古人类化石。这对于该洞和该地区的人类活动、古代环境变化有着较高的考古和科研价值。

离蟠龙洞不远的城区内，还有岭南最早开发为游乐场的星岩古洞。星岩古洞原名九星岩，位于城东的龙头山，是云浮城八景之一。洞中有五层宽敞大厅，厅厅有景，层层奇异。原洞内有观音大士、十八罗汉、龙床高踞、鹰石凌空等22个景点。

还有"迷宫探胜"的天然古洞，洞分成三层：上有通山洞，可通山顶；下有入地洞，盘旋入地下河；中层有大厅、长廊，曲折回旋。迷宫探胜有八个出口，互相都有通道相连。通道由于曲折、回旋、多变，右旋左弯，如步入迷宫。有"碧虚夜月"洞，位于田螺岩山内，古名"碧虚岩"，现石刻尚存。古岩看两大洞口和两个半山洞口，洞高45米，有巨大的钟乳石悬挂。洞中有滴水池，由半山洞口影照水中，如水底夜月，故名"碧虚夜月"。还有"广寒宫"，为四个洞门，其中半山洞口，形如满月，直照洞中。迎面有钟乳石"嫦娥奔月"。主洞长100米，钟乳石保存完好。洞内有古石墙，高30余米。有地下河，游人下河，鱼闻水响，即盘旋脚旁，实为奇趣。

　　蟠龙洞以它独特的风格，罕见的奇观，博得了世界洞穴专家的高度赞誉，也当之无愧地成为我国南方洞穴的杰出代表。

泻玉流光天泉洞

天泉洞坐落在四川西南边陲的兴文县，因洞中主要大厅有天窗透光，并有悬挂飞泉，极为罕见，所以称为天泉洞。

天泉洞由四层水平溶洞组成，目前开放为洞穴旅游的仅为最上面的三四层，即上层和中层洞穴。游程全长达3000米。

天泉洞发育在上部古生界二叠系的栖霞统和茅口统石灰岩中。这些距今已两亿多年的石灰岩是在浅海环境中生成的。

大概到7000万年前，地壳发生造山运动，把石灰岩从海底抬升出海面，并发生褶皱成山。这时降水沿着各种裂缝、裂罅下渗到石灰岩内部，就溶蚀生成不同形态和不同尺度的溶洞。

时至距今两百多万年前的第四纪新构造运动时期，在该地区已发育有地下河，穿过十余里的石灰岩，从卧虎岭下流出，当时的新构造运动具有抬升、停顿、再抬升、再停顿的间歇性、有规律的活动特征，地下河的水流相应下渗，地下河变干形成三层水平干溶洞。其中，地下河流经岩层裂缝交汇处，就形成各种大厅。

天泉洞目前的游程布局在于洞的上层和中层内。进口位于卧虎岭下，口部高程海拔620米，出口悬嵌在另一陡峭的危崖绝壁上，海拔为710米，两口之间高差达90米。从中层到下层之间高差40米，而下层与底层地下河之间的高差已达50米，如果由底层向上到上层溶洞总高度已达180米。

自进口向西洞穴大厅的天窗之间，有两个支洞，即"石花奇观"和"石林仙姿"。再向西，左侧有支流向下可达下洞，该层有大厅，高40多米，宽近80米，长100余米，洞底以石灰花的堆积物为其特点，大厅左侧有竖井与底层地下河相通，洞进30多米，见河水再泻入地下深处，还无法探测其深度和长度。

"长廊石秀"景区是一条长340米的地下长廊。以通道平直、宽敞(宽约20余米)、石奇和形美著称。距廊道门30余米，即见两壁散布有长方形和椭圆形的溶蚀穴，成排成行，然有次序。这种成行排列的溶蚀窝穴是地下河水流在流淌时溶蚀而成的，是确定地下河及其流向的佐证。其内有钟乳石和残留的岩体，宛如镂雕千万座石佛像的龛窟。这种石佛栩栩如生，形态逼真，称为千佛岩。长廊右侧有流石下垂，洁白如玉，又如冰舌下坠，称冰川水帘或石瀑布。

仙人洞是高悬于半空的洞穴，洞下有泉，称仙人泉，清泉从崖下地下河内溢出，终年不涸，清澈见底。清泉中常见有小鱼，呈淡粉红色，透明，可见肝胆。这些奇怪的鱼类，大者可达10厘米，俗称玻璃鱼。

其实，它不是真正存在于黑暗洞穴内的变态了的盲鱼，而是一种两栖动物——"利川齿蟾"的大型蝌蚪。这种原先栖息于地面河溪中的动物，被地表水冲入地下，而且再也逆游不上地面，由于长期穴居于黑暗的地下世界内。导致体内色素褪去，视力减弱，成了五脏六腑可见的透明的玻璃鱼了。

天泉洞的后段，长约200米，宽一般40多米。洞高气爽，空旷幽静，两壁直立，形如长方正厅。顶板如白玉拼嵌，流光映照，耀眼迷人。该厅称"天泉明宫"。尽头有坠石高堵，一弯月形的洞天，悬于"天盆"的峻崖上，这是天泉洞的出口，却正好在"天盆"的半腰处。这个实为"喀斯特漏斗"的天盆，直径为505米，深176米，上半部为峭壁，下半部是底部收缩的岩屑、土层填塞的圆洼地，有水洞排水。这个大漏斗比美国著名的阿里西波大漏斗还大得多。

除了地下世界天泉洞外，洞外的山峰、峻崖、绿水、奇石也组成了天然景区，如龙牙观瀑、夫妻峰、七女峰和迎宾石等。它们的生成都与天泉洞有血缘关系，无一不是从石灰岩母体中孕育出来的。

在石海洞乡景区附近还有天龙洞、玉冠洞和神秘的箭穿洞。更神奇的为神风洞，其内有三滴水，洞顶亦有一股浸出来的滴泉，下面一块巨石，滴泉恰好滴在巨石上。每天早晨滴东，晚上滴西，中午滴在石间，周而复始，来回摆动，一年四季不变，水滴石穿，这块巨石上已被滴出好几寸深的滴窝。

这种有规律的移动是神风洞地区特殊地形造成的特殊气流导致的。神风洞的滴水随着气流的变化，有规则地改变滴落的位置，造成三个滴窝。神风洞之神奇，也正存在于其有规则变化的风中。

　　1992年，这里举行了世界性洞穴探险活动，为天泉洞地区洞穴的开发，创造了极好的机会。

贵州高原织金洞

　　织金洞原名打鸡洞，位于贵州省织金县城东北23公里外的官寨乡东街口，它地处乌江源流之一的六冲河南岸，三岔河北部，属高位旱洞。1980年4月，织金县政府组织的旅游资源勘察队发现了此洞。

　　由织金县的三甲沿旅游公路逶迤而上，至绮阳河右侧，有景点旗鼓锁水，是右旗山、左鼓山，取旗鼓相当之意扼守洞门。续进，绮阳河伏流、明流相间出现，高处耸立着一座座天生桥，其间有洗马塘、小槽口、大槽口三座相连接的天窗，小槽口居于中间呈竖井状，垂深195米，气度惊险非凡。如该段蓄水成湖，可泛舟其中。如果织金洞是条龙，那么"旗鼓锁水"、"群桥平波"就是龙的两只眼睛。

　　该洞长11公里，已勘察部分长6.6公里，面积约20万平方米。部分洞厅已开放，部分洞厅作为科学研究而暂时封闭。洞内遍布石笋、石柱、石塔等几十种沉积物，是我国沉积类型最多的洞穴。

　　洞口位于山腰，高约15米，宽约20米，状如虎口。其内的"迎宾厅"长200米，高80米，宽50米。洞口阳光照射，厅内长满苔藓，遍地花草，是一座花园式洞厅，有景点双狮迎宾、玉蟾望月、飞来石、普贤东渡等。洞顶左侧有一个直径10米的天窗，每当阳光顶射时，光线如万束金针直射洞底，而洞内水汽在阳光中上浮，形成彩色光环。

　　当天窗周围凝结水从窗顶下滴时，阳光照耀水珠，如同天神向下抛洒一枚枚金币，称为"圆光一洞天"或"落钱洞"。在皓月当空，位值天窗上空时，形成大月套小月，双月叠出，特别是中秋节晚上，具有"一轮玉镜当空，四壁苍烟凝露"的风光。侧壁旁一小厅，中有一棵十余米高的石笋，形如核弹爆炸后冉冉升起的蘑菇云，名"蘑菇厅"或称"万年灵芝"。厅内还有直径约4米的圆形水塘，站在塘边，可观看塘中如林石笋和洞窗倒影，名"影泉"。

"讲经堂"长约200米，宽50米，因碳酸钙沉积形如罗汉讲经而得名，中间有一面积300平方米的水潭，被钟乳石间隔为二，名"日月潭"，系织金洞低点，也是该洞最冷的地方。由于冬季或夜晚的冷空气从洞口进入洞厅，顺坡而下，沉降在洞底，一般年平均气温为6-8摄氏度，比洞外的年平均气温14摄氏度低6-8摄氏度。夏天入洞，顿觉寒风刺骨，往往发病，群众疑有洞妖作怪，故无人进洞，使得大好景观景物得以保存。"日月潭"中沉积物高20余米，底部周围10余米，形如三层宝塔，顶端坐一佛，如聚神讲经。东侧半圆形石台上众多罗汉齐集谛听，有的手捧经卷，有的托腮凝思，有的问讯于邻，有的低头遐想。

洞壁如七彩壁画，呈山峦、林海、沃野、流水诸景。潭北为陡坡，石径盘旋而上，伸手可触及顶板，名"摩天岭"。左侧有九根石柱，毗邻成排，直抵顶棚，形如蟠龙，称"九龙撑天"。

"塔林洞"又称金塔城，面积16000平方米，有石塔100余座，呈金黄色，熠熠闪光。最高达30余米，底部周围20余米。群塔将景区分隔为11个厅堂，其间遍布石笋、石帷幕、钟乳石形态各异，映衬群塔，气象千万，气度非凡。

夏季洞温升高，水汽上浮，远观霞光万缕，瑞气千条，富丽堂皇，犹如"金塔之塔堡"。这里也像一座大森林，在群塔间行走，如同在丛林中漫步，只见那一丛丛塔松、青松、彩珠楼、洞穴珍珠，叫人目不暇接，流连忘返。

万寿宫恢宏宽大，远古时代洞顶崩塌的巨石堆积如山，亦称"万寿山"。在零乱的巨大石块上又沉积了大量沉积物，上有珍奇穴罐，呈椭圆形，旁有鸡血石，晶莹绛红，酷似孔雀开屏。还有寿星三座，高10-20米不等。洞顶和洞壁由黄、白、红、蓝、褐等诸色涂成，形成一幅优美的画卷。

水晶洞又名雪香宫，全长300余米，面积6000平方米。堆积物如茫茫雪原，冰柱四立，玉帷高挂，俨然如一派北国风光。其间有20多块自然顶着"谷粒"的针田、珍珠田和梅花田；有20余个大小不等的石盾，坠苏四挂；有数十面红色透明的钟旗，扣之声如钟，余音萦绕；有十个小潭，潭内倒映冰柱雪山，愈加神奇。其侧有百余竿石竹成为"竹苑"，亦称为"石竹园"，如丛篁密筱，意趣横生。

最奇特的是"卷曲洞"，在200余米的洞厅顶棚上，布满数以万计的晶莹透亮的卷曲石，中空含水，弯曲横生。甚至逆上，不受地心吸引力的影响，自由地向任何空间卷曲发展。关于卷曲石的成因至今仍是洞穴家十分关注的问题，因而也是洞穴学界公认的珍品。

与"水晶宫"相毗邻的"灵霄殿"，高40余米，面积5000余平方米，两壁悬垂百尺石帘，色彩斑斓，像煞天阙帷幕。殿内钟乳石洁白无瑕，形如华表、玉塔、云鹤、神女、玉兔和银耳等，其中一根直抵顶棚，称"擎天柱"。柱后有20平方米的水池，石莲飘浮在水面，称"瑶池"，池旁有"神女与蛇"，千奇百怪，妙不可言。

由"灵霄殿"右转即为"北天门"，进入"广寒宫"，在5000多平方米的宫殿内，群山耸立，陡峭险峻。两山间为开阔平地，其中有60余米高的"梭罗树"，长满成千上万朵"石灵芝"；有17米高的"霸王盔"，酷似古时武士头盔，游人到此，都想伸头到盔下比试，可是人站进去时都嫌帽子太大；有50米高的石佛，巍然屹立；有17米高的银雨树，亭亭玉立，洁白有光，披金洒银，为一棵罕见的透明结晶体，从白玉盘中冲天而起；前面还有一棵比它高出5米的先辈，可惜已经崩倒横卧于地下了。

除上述几个大厅业已开放外，还有几个大厅未开放。如金鼠宫，这里居住着洞穴土著——洞鼠，它们排泄的粪便，堆积成山。在尽端的有水乡泽国、宴会大厅、北海垅和江南泽国等，漫谷长廊，洞道深长，壁间钟乳石奇异多姿。其中宴会厅面积一万多平方米，洞床平坦干燥；北海垅有数条游龙似的边石坝，蜿蜒伸展，钟乳石、石柱间有一深潭，潭中矗立9根石笋，称清潭九笋。此外还有"十万大山"，最宽处跨度175米、高150米，地势起伏，石峰丛立，如重峦叠嶂，山峰间常有迷雾缭绕；有金塔山、成林石树以及螺旋树、珍珠厅、古河遗迹等。

织金洞是国之瑰宝，天下奇观，也是我国目前所发现的洞穴魁首。

"夜郎古国"夜郎洞

　　夜郎洞天位于贵州省镇宁县西北24公里的扁担山区，普里山麓的上硐村旁。传说是云贵高原古夜郎国的发祥地，故叫此名。夜郎洞天由天狮洞、梁将诺洞、门绵洞和双洞等10个洞穴组成。它们纷呈异彩，斗奇争艳，尤以门绵洞和双洞最为奇特，其洞内外景物和谐、协调，粗犷与细腻兼得，壮丽与纤巧包容。

　　门绵洞依山傍村，洞门为一巨大天生桥，伏流由洞中涌出，天桥拱顶高约10米。有耳洞二：右侧耳洞洞体较大，然堆积物较少，蝙蝠特多，洞扁而不高；左侧耳洞洞体高大宽敞，石柱异常发育，粗细不等，表面均有滴淋的纹理，十分奇巧。由石柱间外望，洞外景色一目了然，蓝天白云，茂林修竹，布依族村寨依山分布，近处溪流蜿蜒，阡陌纵横，中有馒头状小山，玲珑奇巧，远望如天然太湖石，美景天成。

　　由洞口入内，乘船挑灯逆行，历经250米水路。水路两侧密布着大大小小石花，犹如飞浪溅出的浪花，凝固在水道两壁。行驶近200米处，有形如一飞燕展翅掠水的钟乳石下悬于近水面，行船到此，人们要伏背折腰，紧贴水面折身而过，否则不是碰得头破血流，就是船翻人落水。过此险峡，水面渐宽，高处有数个矮小如人的石笋，似乎登上悬崖俯视水路，可称为"临流阁"。

　　再前行，洞体骤小，船不得行。退回弃舟登岸，为一空旷岸滩，仰望洞顶，有层层云影，随灯光浮动，称飞云浦或乱云飞渡。洞壁有石幔流泻形成的扶桑树，上有淋沟纵横，又如渔网。沿网壁登高攀援，三折而上，为一天门洞开，过此门为第二层干溶洞。

　　干溶洞洞口有不少崩塌石块，其上已生长着大小不等、高矮不齐的石笋，如众神仙在此相聚，称神仙会或聚仙坡。过此坡则见边石坝数圈，弯曲褶皱，其内有大量穴珠，实如珠圃。仔细观察，边石坝犹如万里长城，雉堞敌楼、烽火台等，为微型长城。堪称一绝！

被称为双洞的上口为一巨大的天窗，过一高大的天生桥与另一天窗相连，景色壮观，高22米，春意盎然，生机勃勃。左侧耳洞，远伸百米，为一大塌陷物漏斗，直径达200米，向西为一支洞，高低错落，有大厅，大量崩塌堆积如山。过小山、爬陡坡30米，有云盘两座，圆形凸起，边周褶花，直径1.5米。再向内为石柱、石笋丛集，如千万和尚朝南海。折回出洞，过梁将诺洞，返上硐村。

"门绵洞"和"双洞"追其成因，实为同一洞穴系统。大致在200万年前的早更新世时期，双洞的雏形业已形成，后由于地壳抬升，河床下蚀，洞穴暴露在河流附近，其底部形成地下河。

近百万年来的中更新世和晚更新世(距今12万年前)由于地壳间歇性抬升和停顿，形成三层洞穴，第二、三层均脱离地下水位变成干洞，仅第一层为水洞。目前尚在不断地开凿和拓宽洞穴。在悠悠的岁月中，在涓涓的水流下渗中，既不断扩大，又不断填充洞穴。

"门绵洞"和"双洞"相距不远，因其通道被碳酸钙所堵塞，如要开放这两洞，必须要寻找古通道，这样不仅方便游客，缩短路程，而且作为通风，可大大改变门绵洞的环境，使空气加速环流。

夜郎洞天景美、石奇、水秀，是我国一等洞穴，而且正在开发之中，前景十分远大。

云南阿庐溶洞群

被称为"云南第一洞"的泸西阿庐古洞，是一组规模宏大、结构奇特的溶洞群。该洞群位于云南省东南的泸西县，与世界奇观"路南石林"相距仅80公里，离县城为2.5公里。它由泸源洞、玉柱洞、碧玉洞三个旱洞和玉笋河一个水洞组成，因洞群位于阿庐山之麓而得名。

阿庐山奇峰突起，岩石嶙峋，四周有九峰相峙，九峰之中有十八洞府，俗称"九峰十八洞"。各石峰形态各异。十八洞各具特色。九峰之间有落水洞、竖井、洞穴、地下河纵横交错，上下贯串，构成一个复杂的、多层次的山、水、洞、石立体网络系统，因此是一个寻奇揽胜、探索大自然奥秘的旅游佳境与科学考察的实验园地。

泸源洞位于阿庐山之东南麓，有泸源泉自洞内溢出而应名。洞道全长700多米，主要有10余个大小不等的厅堂组成，厅堂之间有狭道相连。洞穴呈网格展布，犹如地下迷宫。

明崇祯十一年(1638年)八月初十，徐霞客游览考察阿庐古洞中的泸源洞。他于当天只到了洞口数十步深处，由于只见"乳柱纷错，不可穷诘"，没办法深探。第二天。徐霞客在洞前泸源寺吃了午饭后继续探洞，可惜的是这一次探游阿庐古洞由于火把熄灭，无法深入洞中，又遇秋水泛涨，无法去河对岸村中寻觅火把，只好"探其中门而已"，半途而返了。

泸源洞由洞口向内，可分三层水平溶洞，中上层为旱洞，下层即为玉笋地下河。洞的左支洞，曾发现古人类生活养息的遗址和众多石化程度很高的古脊椎动物化石。洞内所有的大厅和通道，几乎均有各种各样的堆积物，形态各异，形象奇特，色彩缤纷。洞内有风景点几十处之多，如彩霞迎宾、双蛇出洞、古莲仙鹤、古林明月等，景色优美，形象逼真，煞是好看。

出泸源洞，向上走4-5米即到另一洞天之口，洞内石柱林立，故名

"玉柱洞"。该洞全长800多米，其特点有10余个规模不等、景色各异的宫殿式厅堂组成。最大的大厅长70余米，宽30余米，规模恢宏，内有高大石柱擎天而立。纤巧钟乳石相衬相伴，行人至此，有宏观气势磅礴、微观妙趣横生之感，看后令人浮想联翩，久萦脑间。

洞侧陡壁上还留有古代河床的遗迹，清晰可见，有无数大小不等经过滚动磨圆的砂砾，镶嵌于洞壁上。显然，在远古时代，玉柱洞与玉笋地下河一样，也是一条水洞，砂砾卵石层就是该地下河滚滚流过的佐证，实际上经过考察，玉柱洞就是玉笋地下河的前身。玉柱洞主要景点有阿庐祖洞、云雾山中、千古竖琴、擎天玉柱和壁画大厅等。

壁画大厅气势非凡，长70余米，宽30多米，在1500平方米的壁画上有少林寺和尚或打坐念经，或挥拳习武；有酷似兵马俑；上端躺着杨贵妃，披着长发；右侧是黄山松，七仙女下凡；左侧是莽莽苍苍的原始森林；此外还有"小桥流水人家"的田园风光。实有鬼斧神工之奇，天地造就之巧。正如明代贺勋诗曰："烟霞古洞苍苔合，仙境分明不浪传。"

出玉柱洞，沿林荫小道西行约百余米，即到祭龙山，至半腰，复见一洞口，为碧玉洞。碧玉洞顾名思义，其内堆积物色如碧玉。

该洞全长730米，为一狭谷式廊道，底平壁陡，顺直延伸，少有大厅大室。堆积物却众多色美，有玲珑剔透的卷曲石、阿庐玉、鹅管石等，其中有石盾极大，盾面积约20平方米，是我国目前所见的石盾之冠，堪称洞穴奇葩。

无数高悬于洞顶的钟乳石排列有序。有的中空，形如南楚编钟。由于长短参差，厚薄不一，击打时有的声似洪钟，有的响如大鼓，能发出各种奇特的声响，可演奏成各种乐曲。击打后，优美之声响在奇妙的廊道中悠然回荡，极富有声响美和色彩美。

在泸源洞、玉柱洞垂深15米之下为玉笋地下河，多从玉柱洞的唐仙大殿处入口，沿阶梯下行至玉笋洞。该地下河水平如镜，流量不大(12升／秒)，流速缓慢(2厘米／秒)，河水清澈见底，常年不涸。两侧及洞顶悬垂的堆积物，倒影重重，形成一座幽深、神奇的地下宫殿。

玉笋地下河经过人工筑坝拦水，抬高水位，水面一般宽达8米至12米不等，使原先两岸的石柱、石笋、钟乳石有半数被淹，也有与水面相接的，远远望去如春笋破土，或似沿岸秀竹垂柳，故名"玉笋河"。

洞内堆积物有的轻盈如丝，或卷或垂，悬于顶，贴于壁；有的粗大壮硕；有的孤傲单立；有的麇聚成群，或近或远，若即若离。轻舟荡漾，粼粼波光倒影，摇曳不定，舟移景迁，令人心旷神怡，如真临太虚幻境，变化无穷，其乐无比，乐而忘返。800多米的玉笋河景点之美，也是举国开放洞穴中最佳设计墨笔之一，是值得赞扬的少有的杰作。

玉笋河中还有一种极为珍贵的珍稀动物——盲鱼。它是一种透明的鱼类。其大如指，无鳞而有鳞痕，无眼而有眼眶，有须且长，色肉红，表里盈然，五脏六腑均历历在目，这种鱼见光不避，碰人则游。

透明鱼是洞穴内特有的鱼类，由于长期生活在黑暗无光的洞穴水中，有眼难视，久而久之，眼睛逐渐退化，仅存痕迹，它的前额上却生成肉角。这种瘤状肉角实际上是非常敏感的感觉器官，用它来辨别方向，代替视觉。这种盲鱼本来有眼睛，有视觉功能，其祖先进入黑暗的地下世界后，由于环境的改变，代复一代，眼睛失去其应有的作用和功能，逐渐退化，形成了一种特殊的动物——穴居动物(盲鱼)。这种盲鱼对于生物的环境适应性研究，有着重要的意义。

雨燕云集的燕子洞

燕子洞位于云南历史文化名城建水县境内，北距昆明市250公里，南离县城30公里，被誉为"南徼奇观数第一"。

燕子洞分为两部分，上干下水，总面积约10万多平方米。洞内秋去春来，巢居百万雨燕。每年春夏之间，群燕飞舞盘旋，剪翠裁雪，是绝无仅有的洞穴生态景观。每年立秋时节为"燕窝节"，洞内举行采燕窝活动，高空作业，惊险绝伦。

旱洞为一巨大穿洞，洞厅高40多米，十分宽敞，可容千人。数十块摩崖石刻及各类碑刻遍布洞壁四周，与水洞口钟乳石悬匾遥相呼应，相映成趣。旱洞紧连一小洞。小洞口的悬崖上有一石殿，殿内有石帘、石幔、石台，殿前有凌空栈道依壁而建，称悬空回廊。据介绍，旧时燕子洞的水上游廊为木栈道，与岩间石壁上的楼阁紧紧相连，栈道高10丈有余。下临滔滔泸江河；中间独有一大木柱支撑；两头跨在高山岩石上，犹如云雾山中建楼阁，风来云荡，摇摇晃晃。游客到此，既赏心悦目，又提心吊胆。目前的悬空回廊已改建钢筋混凝土建筑。

水洞为珠江系泸江河上流的伏流河段，伏流段长约5000米，洞口高50米，宽30多米，雄伟壮观，洞中峻岩嵯峨，气势磅礴；钟乳石悬垂，千姿百态，探索其间，如仙府神游，又似龙宫探幽，蔚为奇观。

燕子洞实际上是一系列石灰岩洞穴群体的总称，洞中有洞，洞外有洞，曲折离奇，复杂惊险。它之所以吸引着人们的游魂，在于"洞府深深映水开，幽花怪石白云堆"的古、奇、幽、深的古洞奇观。

伏流入口处，滔滔的泸江水，像千万匹脱缰野马，从空旷的洞口奔腾而泻，咆哮其间，鸟声、水声、风声、人声，声声巨响，在洞内轰鸣碰撞，令人耳眩神迷；在洞中高处俯视泸江河水，宛如彩带一环，这里的灯彩、奇石、人流统统都倒映在水中，水光浮丽，怪影粼粼，又使人心旷神怡。

优美奇异的燕子洞是怎样形成和发展的呢？在大约距今2亿年前的古生代，滇南地区是一个浩瀚荒寂的古浅海，沉积了丰富的石灰岩，以后因地壳抬升，海水后撤，石灰岩露出地表。

到了六千多万年前的第三纪和200多万年前的第四纪初期，几次强烈的地貌变更，使云贵大地上升为高原，并出现著名的"山"字形构造，使地层错断，而建水县正好位于"山"字形错断的前弧和中弧东侧，岩层的孔隙和裂缝很多，易受地下水侵蚀和溶蚀成溶洞，形成数公里的"地下长廊"，在干燥的洞穴部分凝聚千姿百态的碳酸钙溶物的"雕塑品"。

直至3500年前的原始社会时期，在洞内开始有远古先民栖息养生，将大量打猎捕鱼的石器和渔网遗留在洞内。与此同时，还有大量骨骼和牙齿化石堆积在洞中的堆积物中。

由于交通阻隔，人烟稀少，无人问津。直到乾隆年间，清廷都察院左副都御史傅老先生告老归乡后，感叹于"探胜半天下，哪得此奇观"，便在洞口盖寺院、修栈道、广植桃树，与绝壁古树相掩映，为燕子洞早期开发奠定了基础。

由洞口进入第一景区"龙泉探幽"，犹如进入蓬莱仙境，世外桃源，又像一叶扁舟划进浩瀚无垠的艺术海洋之中。那彩石生辉，似形如物，活龙活现，令人眼花缭乱，应接不暇，其中有拔地而起，高34米的擎天玉柱；有头披轻纱、安详恬静的"龙女初嫁"；有似晨曦薄雾中刚沐浴出水的"少女晨浴"；还有天外来客、雄狮迎宾、青翠竹林等十几个景点。

高出河床35米的悬崖峭壁上第二景区"天街撷美"，全长250多米，面积达2300多平方米。这条长廊被石柱、石幔、石屏风等隔成十几个厅堂，主要景点有倩女迎宾、龙宫瑰宝、古堡黄昏等，多由钟乳石组成。有的如瀑布飞泻，有的像万把钢锥直刺而下。下面是一排排宽敞的石床，青苔覆盖其上，真是"石乳悬香雪，仙床拥翠鬟"，充满着诗情画意。

第三景区为"梦幻世界"，是与水洞连接的旱洞，景色最为壮观。洞高40米，面积达2万余平方米，景观也较为集中。较突出的有天鹅戏蟾、犀牛望月、南极仙翁、北极雪豹等奇异景观。

燕子洞水景之美，美在"江波荡漾青罗带，岩石虚明碧玉环"；钟乳石之奇，奇在"忽如一夜春风来，千树万树梨花开"；景观之幽，幽在

"洞中风景异尘寰"。因而领略了燕子洞的水、石的色彩和神韵后，何必"寻春那止看群山"呢？

燕子洞因燕子而得名，燕子洞的燕子，主要是小白腰雨燕。它们每年初春开始，从马来西亚等热带地区飞来这里，生育子燕，到了初秋，才带着小燕回老家过冬。这里成为雨燕的第二故乡和生长之地。

燕子洞里有成千上万的雨燕栖息，是因为它有独特的生态环境条件。由于洞内悬崖绝壁，石缝纵横，岩穴众多，鼠、蛇等天敌难于攀援至此，雨燕可以在此安静地生儿育女，繁衍后代。洞内地下河流过，空气流通，湿度相宜，洞外田野宽旷，溪旁灌木杂草丛生，因而滋育着无数昆虫等低等动物，为雨燕提供了丰富的食物。这种良好的生态系统，构成了春燕云集的古洞奇观。

雨燕营巢时，嘴里吐出蛋白质含量很高的唾液，与草凝结成杯状巢，人们将巢取下蒸出的液体，就凝聚而成著名的与鱼翅、熊掌齐名的佳品——燕窝。据说明朝三宝太监郑和下西洋时亲口尝其美味后，特意从马来群岛带回奉献给皇上。

燕窝生在五十多米高的悬崖上，藏在极为难取的石缝里，采集十分艰险。采集燕窝实为天下奇观，胜于观燕。燕子洞每年8月的8、9、10日三天作为采燕窝的节日。这些采燕窝的人，熟悉钟乳石就像熟悉自己手掌上的纹路一样。洞顶有一块非踩不可的活动石头，在离地50米的高空踩活动石头，实在令人咋舌称奇。在采燕窝节里，可见到采燕窝高手时而从乳石缝中钻出来，时而隐没在黑色、白色、墨绿色的石笋、石壁、石梁、石柱背后，使观看的人赞叹不绝、惊叹不已。

北国"神居"本溪洞

本溪水洞位于辽宁省本溪市境内的太子河畔，西距本溪市区35公里，东离小市火车站4公里。

本溪洞由三个洞穴构成，作为主体的九曲银河洞位于中，蟠龙洞位于右，银波洞位于左。整个洞体的自然形态呈龙形，蜿蜿蜒蜒有13个大转弯，总体为西北东南向，全长3000余米。洞口宽28米，高20米，呈拱型、半月状，形如蓝鲸张口猎物，又似雄狮昂首吼天。

九曲银河洞终年有水，水量每昼夜约为1.4万至2万立方米。水位曾稍加抬高，洞平水稳，水力坡降为0.5‰左右，洞水平均深为2米，最深处为7米，游船可在宽阔平静的水面上来往自如，互不干扰。洞中温度变化不大，冬夏仅差1-2摄氏度，年平均温度在10摄氏度左右。

盛夏时，由于洞内外温差甚大，洞外水汽常因与洞内低温交错冷却凝结成雾，便会出现云遮雾掩、时隐时现的迷漫现象，传说是由于妖蛇孽龙在洞内向洞外"呵气"造成的。

九曲银河有四宫、三峡、四十六景。洞大河阔，爽人心肺，有飘然羽化登仙之感。

很久以来，本溪水洞以神秘虚幻的景象传诵人间。在丽日蓝天、风清气爽的时刻，可见薄雾缭绕，轻烟弥漫，飘飘忽忽，或高或低在洞口飘移；在大雾弥天之际，侧耳洞畔，却可听到淙淙叮咚之声，悠扬悦耳，抑扬顿挫。"大弦嘈嘈如急雨，小弦切切如私语，嘈嘈切切错杂弹，大珠小珠落玉盘"，这种仙乐，疑是神仙宴庆奏乐。

当地流传着种种神话，一说水洞是群仙聚会的地方；一说是"九顶铁刹山"、"八宝云光洞"的长眉老祖李大仙常来这里邀请众神宴饮；也有说水洞里锁缚着九头蛇妖和一条孽龙。因此居民敬畏神妖，不敢涉足其间，时有来者，也仅在洞外求神讨药，益增水洞的神秘色彩。

日本侵略者侵华期间，关东军曾一度占据此洞作为军火库，森严壁垒，当地居民均避而远之。直至50年代末，才有政府派来的考古队与地质勘探队相继进洞勘测和发掘。

考古队在洞口出土新石器时期的石针、石斧以及自殷商至金元年代人类的生产和生活器具，如骨针、陶器、铁器、青铜器等。这里无疑对我国古代北方人类生产、生活和气候、地理环境的研究提供了宝贵的资料。

古海沧桑樵岭洞

樵岭洞位于山东省淄博市博山区西南，距博山城区约7公里，被誉为"北国第一洞"。

樵岭洞是大型石灰岩洞穴，目前探明的长度为1400余米，最宽处跨度有70米，高10-25米不等。有五个大厅，各厅景物各异，自成一格。

第一洞厅的四壁均为钟乳石满布，堆积物形似百兽，或跑、或停、或奔腾于密林，或躺卧于草原。厅顶端有一顽石凌空，如雄鹰振翅翱翔，气势高亢。

第二洞厅一侧有巨石拔地而起，直插洞顶，一合抱粗的钟乳石柱立于其间，形成顶天立地之气概，如擎天玉柱一般。两壁间的石幔、旗状钟乳石直挂，有的如瀑布飘逸，因风欲起；有的若百川汇流，汹涌澎湃，势不可挡。另一侧开阔而平坦，有石柱支撑，酷似一座斜凉亭，亭内亭外高低错落的石笋聚集其间。有一石笋，白胖富态，光头长眉，状似寿星，故该厅称长寿厅。通过对寿星底部石笋采用放射性铀的测定，得出其年龄为16万年，可见厅内众石笋不愧为是老"寿星"了。

第三洞厅也称音乐厅。拾级而上，过"石中行"狭道后，就可闻到洞顶渗水滴入水塘中的叮叮咚咚声音，再走近一听，不仅有叮咚作响声，还有滴滴答答、淙淙泪泪之声。滴水、流水或急或缓，或重或轻，其发出不同声响组合成一曲美妙奇特的伴奏，丝丝入扣，声声动人。这个第三大洞厅成了名副其实的"音乐大厅"。

第四洞厅高约30余米，钟乳石、石笋、石柱林立，琳琅满目，奇异而优美，色泽光亮多彩。有的钟乳石似宝莲灯高挂；有的石笋如群象觅食，神态悠闲，或者颖锤相对，上下吻接；有的石柱直插洞底，形成顶天石柱；有的景物光怪陆离，千姿百态，红如猩血。这个五彩缤纷、千奇百怪、云雾缭绕的大厅，称为天庭宫阙。

第五洞厅是一个洁白如霜、涌雪漱玉的洞天，厅内的各种沉积物呈现一片白色，一眼望去，就觉得仿佛进入冰天雪地的银装世界。在灯光的照射下，晶莹玉洁的沉积物，淋漓光亮，如出水芙蓉。雪山、玉海、肉桂、灵芝，无一不显示瑶台仙境非人间的胜境，称此厅为"广寒宫"。

樵岭洞另外还有"灵山宝塔"、"锦带垂花"、"霹雷闪电"、"龙胆神缸"、"水晶宫"等景点。同时在离洞口不远的左侧，还有一个支洞，有待开发。樵岭洞景之美、之奇说明，大自然的鬼斧神工在这几个洞厅中得到完美的体现。

樵岭洞之所以形成，是由于樵岭地区具有独特的地质历史环境。根据研究，大致在距今4.5亿年以前，整个鲁中南地区还是一片汪洋浅海，当时海内生长着大量无脊椎动物，例如珠角石、阿门角石、蛇卷累、标准中华正形贝、低等藻类等。这些海生动物死亡后就成为灰泥层层埋藏起来。经过几千万年的成岩过程，变成坚硬的石灰岩。

在6000万年前，这个地区的地壳发生过一系列的地震断裂活动，形成了一条走向南北、宽达1000余米的禹王断层带。樵岭洞正好位于断层带外侧。这里岩石破碎，裂隙很多。

在2000万年前至500万年前的中新世时，鲁中地区的气候条件与目前长江以南的亚热带气候相似，雨量充沛，温度较高，为喀斯特作用具备条件。附近又有河流经过，河水自河床裂隙渗漏，在河床下形成了一条地下河。

现代樵岭洞的洞口，就是当时地下河的出口。以后气候变得干冷，又因地壳抬升，地下河水又一次下降，侵蚀洞底，在洞壁上形成不少边槽，洞穴上部空间也渐次脱离地下充水环境，洞穴进入了另一个充填阶段，开始出现化学沉积，下部则继续溶蚀扩大空间。

从洞顶渗下的地下水，一旦进入洞穴环境后，由于压力、温度等发生了变化，水中二氧化碳就开始从中逸出，而碳酸钙则成为过饱和溶液而被析出，长在洞顶或滴落在洞底，或漫流于洞壁，就形成形形色色的沉积物。樵岭洞的各个大厅、廊道和各种形态的沉积物都是经这样的过程生成的。

位于樵岭洞之西的"王母池"景点，沟壑纵横，景色秀丽，峭壁峻岩，谷底清流淙淙，谷口瀑布四折，注入三潭。最下一潭呈长方形，深2

米，周界约百米，称"王母池"。

传说古时王母下界巡视，行路经过此地，见美景似画，瀑声如琴，更见樵岭洞一派瑞祥之气，洞内胜似宫庭神阙，十分留恋，并濯水沐浴化为王母石，石旁碧潭便是王母浴过的铜盆。

当地乡民在瀑布上方崖沿建有古朴庄重的王母庙，庙对面有一颗硕大的石桃，桃一熟、岁九千的谚语就是源出于此。其实，王母石、石桃等都是非常古老的变质的砂石岩，其年龄已达23亿年了。它们坚硬的岩性，经过长期雨淋水濯，终于形成浑圆、孤立的岩石。

樵岭洞是山东省博山溶洞风景名胜区的主要景区。山乡风光与地下洞景巧妙结合，融为别具特色的游览胜地，而樵岭洞不愧为风景区的一颗耀眼明珠。

沉睡千万年的白云洞

　　崆山白云洞位于临城县中部，距县城西约6公里，离石家庄市86公里，被誉为"河北第一洞奇观"。

　　白云洞发育在古生界的中寒武纪的鲕粒石灰岩中。地壳几经反复运动，使石灰岩产生众多的断裂构造，特别是距今6000万年前以来的喜马拉雅运动，不仅使山地抬升，更使岩石破碎不堪。降水从这些破碎的缝隙中下渗到岩石内部，在下渗过程中，不断溶解、渗入土壤中的二氧化碳气体，变成具有碳酸的酸性地下水，并在岩石内部对石灰岩产生溶解和沉淀作用，因而形成规模宏大的地下洞穴以及众多优美的洞穴堆积物。

　　白云洞在地下沉睡了千百万年后，于1988年被山南头村民开山采石时发现，得以重见天日，从而这座北方少有的地下艺术殿堂被开发为旅游洞穴，让南来北往的众多旅客享受和领略东方地下世界的风采。

　　全洞面积目前已测定的仅4000平方米。分四个较大的洞厅，最大的洞厅为2170平方米，景观资源丰富而集中，四个洞厅可分为人间洞厅、天堂洞厅、地府洞厅、龙宫洞厅。

　　人间洞厅：长30米，宽35米，高18米。以擎天玉柱、小西湖、三塔迎月、万家灯火、孔雀开屏等大中型景物为主体，体现一种人间太平盛世、生活美好、蓬勃向上、勇于攀登的环境气氛。

　　其中有像丝瓜瓤一样的卷曲的方解石晶体，称"网状卷曲石"，和因盾状钟乳石的苏坠的崩塌，留下盾板的另一半，构成栩栩如生的"孔雀开屏"的奇观。此外还有由于地下水的冲刷和侵蚀，形成一条金鱼驮着一只金蟾悠闲玩耍的奇形怪状石头。

　　天堂洞厅：厅中散有条条帷幕，"五百罗汉"、"灵霄宝殿"、"水帘洞"、"极乐世界"、"天女散花"、"瑶池"和"九龙洞天"等巨大的宏观造型景物和奇特的微观造型景物，既有水景特色，又有声响效果，从而渲染成一个光怪陆离、富丽堂皇、虚无缥缈的天宫神话世界，体现出天堂幻境、神仙宫阙的极乐洞天。

地府洞厅：以棱角锋利的嶙峋怪石为主，给人一种阴森恐怖之感，内有阎王、判官、怪兽、森罗塔等阴间造型景物，劝诫人们从善弃恶，多积善德，死去免遭地狱之苦。

龙宫洞厅：是以众多的微观造型景物为特点，蟠龙石柱、石壁、悬管、石针和各种石花组成的"龙女仙阁"、"龙宫宝灯"、"海底森林"等海底的龙宫宝殿世界，颇似东海龙宫。

整个洞穴，根据"人间"、"天堂"、"地府"、"龙宫"的排列，犹如观看了一场大型剧目，欣赏一支交响乐曲，更如做了一次人生的反省。

崆山白云洞的景观与众不同之处，在于它是近期才被开发出来的，保持着洞穴固有的特点和原始面貌，因而富有科学研究意义。从洞穴游览和景观价值来看，具有三个主要特点：

首先是保存了原始本底特征，该洞呈现封闭状态，形成环境尚保持原始面貌，同时当地政府采取了封洞保护措施，把人为的影响和破坏降低到最小程度。因而洞内碳酸钙堆积物至今仍在发育中，颜色鲜绝，光泽明亮，同时洞内温度较恒定，相对湿度接近100%，整体景观未遭风化和严重破坏。

其次是资源丰富，类型多样。洞内沉淀物有钟乳石、石柱、石瀑、石花、石水母等，对其中11处体量较大、形态多变的，已根据其似人拟物的特点而命名。

这些景物的颜色以洁白为主，伴有浅黄、棕色、土黄、石绿等多种色彩，且呈显多种光泽。它们有的挂于洞顶，有的立于洞床，有的托于洞壁，有的生在水中，变化多端，类型多样。

洞中景物造型比较奇特。景观造型以中小型为主，特别是以小巧玲珑的微型景观最为奇特。如长在水池边的朵朵白莲，披在洞床上的条条白龙，成片成堆的石葡萄、石珍珠、石珊瑚，弯弯曲曲的卷曲石，一排一排的石栅栏、石竹，网状卷曲石横向发育的"节外生枝"，而弓形发展的则"委曲求全"。长一米的笔直的、透明的鹅管，以及朝上、向下细如毛发的尖细石针等。这些沉淀物，在其他开放的洞穴中是少见的。

白云洞具有原始的特征，自然景色极佳，成为珍贵的洞穴自然博物馆。

北京西山石佛洞

　　北京市西山地区有幽深的峡谷，有龙潭的瀑布，有风景如画的十渡山水，龙门洞俗称小桂林，水清林茂怪石嶙峋，而最为奇特的还是石佛洞。

　　石佛洞坐落于距城区50公里的房山南侧、西山境内车营村西坡，为我国华北地区少见的一个巨大洞穴系统。明代和尚圆广法师于正统十一年（1446年）云游到此发现此洞。同年在洞口西南侧的崖壁上雕刻"十王地藏"石像，建有寺庙供祭石佛。当时因该洞深奥奇妙，难见洞穴真面目，称为"潜真洞"，刻"潜真洞"三字于洞口。又于明景泰七年（1456年）春三月，在洞内一个大厅中镌造"十王教主地藏王菩萨"的大理石佛像3尊，此后改"潜真洞"为"石佛洞"。

　　石佛洞是因石灰岩受地下水溶蚀和侵蚀作用而形成的六层水平溶洞。第一层洞长327米；第二层洞长849米，有一条高31米的垂直形管道洞穴与第一层洞穴相通；第三层洞长450米；第四层约60米；第五层约500米；第六层尚待进一步探测；从第一层洞口到第六层洞底的深度约120米。近年来经过深入的实地查勘，石佛洞的各层洞穴依次被发现，并证实在第六层之下为一地下河系，可能与相距4000米的"三英洞"同属一条地下河形成的洞穴系统。

　　石佛洞生存于古生界的奥陶系的石灰岩中。距今约4亿年前，这里是一片汪洋大海，在这平坦的浅海环境内沉积了厚层的碳酸盐类可溶性物质并加以压实成为石灰岩。其后受地壳运动几经沧桑的变迁，至7000万年前，华北地区发生了造山运动，北京西山就此上升成陆地。被抬升为陆地的石灰岩，在雨水和地下水的溶解和沉淀作用下，生成众多的溶洞和洞内各种景物，石佛洞系统就是其中之一。

　　近几百万年前以来，因北京地区的地壳运动具有间歇性震荡的特点，即有时地壳上升，雨水和地下水一般以向下垂直流动为主；有时地壳相对稳定，雨水和地下水则以水平流动向河谷流出，因此在石灰岩中就留下了垂直的和水平的相互交错的洞穴系统。又因地壳上升或稳定的幅度和时间不同，石佛洞不同层次的洞体空间、两层间洞穴的高差也有差异。

现已查明，石佛洞总体是沿一断层的下盘发育，地下水沿断层流动扩大空间的。根据测量，洞内温度常年为11-13摄氏度，与北京地区的年平均温度相差不大。在地表洞穴的顶部裂缝中冬夏都有空气流动，冬天从洞内喷出的水汽与寒冷的岩石表面接触常形成冰柱；夏天洞内喷出的却是凉风，说明洞内外空气是在交换的。洞内还栖息着大量蝙蝠和低等动物马陆。蝙蝠是半穴居动物，白天在洞内休息，傍晚开始就外出大量捕食飞虫；马陆是全穴居动物，以残存的有机物、蝙蝠粪便和其他动物尸体为食物，因而它们的眼睛逐渐退化，以触角代替眼睛。

石佛洞自最上面第一层到底下第六层，按由老到新的发育顺序，洞内堆积物的年龄，大体上也是上老下新依次变化的。在总长2500余米的洞穴系统中，洞的宽度自6-8米不等，有的地方仅1米，狭小的仅容一人弯腰通过。全洞有大小支洞60多个，各个支洞也有各种形态的洞厅和通道。

石佛洞的沉淀物不仅优美动人，而且种类很多，计有30多种形态，如鹅管、石笋、石柱、石塔、石帘、石幔、石瀑布、石灯和石莲等，其中最为奇特的是石花类、月奶石和石塔。

针状石花主要存在于洞内的斜壁和石笋之上，质地纯净透明，呈丝针状向四周伸展，粗者如玉簪，细的如毛发，性脆易折断。它们或呈片状、团状、簇状紧贴洞壁，或呈帽状戴于石笋上。对于它们的形成，科学家尚未定论，但多数人认为是洞穴空气中含有碳酸钙微粒的过饱和气溶胶，其胶粒的直径相当于一滴水直径的一千万分之一。这种微细的质点呈胶体状悬浮于空气中，一旦它们与其他物体相遇时，就附着其上，碳酸钙就分离出来，并结晶为文石或方解石，由此不断地依附、分离、结晶而成向不同方向延伸的针状石花。粒状石花形态也极为复杂，有结晶坚硬的，也有质地松软的和葡萄状的方解石晶体。这种粒状石花多分布在洞壁斜坡上和石帘的中下部，外表呈金黄色方解石小晶体，有的以灰华物加厚，染有一层红色土的薄壳。这种粒状石花，多是由滴水飞溅后的水珠中析出碳酸钙而成的。因为含过饱和水的水滴击中地面，在分散为小水珠时，二氧化碳就被释放出来，而水珠中的碳酸钙就析出沉淀下来，然后再发生结晶作用，成为粒状石花。又因为从裂缝中下渗的滴水有时带有粘土物质，故粒状石花的纯度不是很高，往往带有粘土，很少有白色的结晶体。在第二、三层洞穴中还可以发现月奶石和石莲花，是一种乳白色浆状塑体，也有干燥呈粉末状。月奶石的成因至今鲜为人知，有人认为它是未结晶的过饱和溶液；也有人认为它是细菌作用的有机酸沉淀物。到底如何？还有待于科学家的进一步探查研究。

参 考 书 目

《科学家谈二十一世纪》，上海少年儿童出版社，1959年版。

《论地震》，地质出版社，1977年版。

《地球的故事》，上海教育出版社，1982年版。

《博物记趣》，学林出版社，1985年版。

《植物之谜》，文汇出版社，1988年版。

《气候探奇》，上海教育出版社，1989年版。

《亚洲腹地探险11年》，新疆人民出版社，1992年版。

《中国名湖》，文汇出版社，1993年版。

《大自然情思》，海峡文艺出版社，1994年版。

《自然美景随笔》，湖北人民出版社，1994年版。

《世界名水》，长春出版社，1995年版。

《名家笔下的草木虫鱼》，中国国际广播出版社，1995年版。

《名家笔下的风花雪月》，中国国际广播出版社，1995年版。

《中国的自然保护区》，商务印书馆，1995年版。

《沙埋和阗废墟记》，新疆美术摄影出版社，1994年版。

《SOS——地球在呼喊》，中国华侨出版社，1995年版。

《中国的海洋》，商务印书馆，1995年版。

《动物趣话》，东方出版中心，1996年版。

《生态智慧论》，中国社会科学出版社，1996年版。

《万物和谐地球村》，上海科学普及出版社，1996年版。

《濒临失衡的地球》，中央编译出版社，1997年版。

《环境的思想》，中央编译出版社，1997年版。

《绿色经典文库》，吉林人民出版社，1997年版。

《诊断地球》，花城出版社，1997年版。

《罗布泊探秘》，新疆人民出版社，1997年版。

《生态与农业》，浙江教育出版社，1997年版。

《地球的昨天》，海燕出版社，1997年版。

《未来的生存空间》，上海三联书店，1998年版。

《宇宙波澜》，三联书店，1998年版。

《剑桥文丛》，江苏人民出版社，1998年版。

《穿过地平线》，百花文艺出版社，1998年版。

《看风云舒卷》，百花文艺出版社，1998年版。

《达尔文环球旅行记》，黑龙江人民出版社，1998年版。